平面设计与制作

突破平面

Premiere Pro 2020

黄文卿 / 编著

视频编辑与制作剖析

清华大学出版社

北京

内 容 简 介

本书将 Premiere Pro 2020 的软件功能与短视频制作紧密结合，全面讲解了视频编辑的基础知识，以及 Premiere Pro 2020 软件的使用方法和技巧。书中通过典型实例，由浅入深地剖析了视频制作的流程，并详细讲解了 Premiere Pro 2020 的视频编辑基础、工作环境、基本操作、素材剪辑、视频效果、转场效果、字幕制作、运动效果、音频效果、素材采集与叠加、抠像等核心技术。本书技法全面、案例经典，具有很强的针对性和实用性，在动手实践的过程中可以轻松掌握软件的使用技巧，了解视频的制作过程，充分体验 Premiere Pro 2020 的学习和使用乐趣。

本书可作为入门级读者快速、全面掌握 Premiere Pro 2020 的必备参考书，也可作为大专院校及培训学校相关专业的教材，还可作为广大视频编辑爱好者、影视动画制作者、影视编辑从业人员等的自学教程。

图书在版编目（CIP）数据

突破平面Premiere Pro 2020视频编辑与制作剖析 /黄文卿编著. — 北京：清华大学出版社，2021.4
（平面设计与制作）
ISBN 978-7-302-57698-3

Ⅰ．①突…　Ⅱ．①黄…　Ⅲ．①视频编辑软件　Ⅳ．①TN94

中国版本图书馆 CIP 数据核字（2021）第 045434 号

责任编辑：陈绿春
封面设计：潘国文
责任校对：徐俊伟
责任印制：杨　艳

出版发行：清华大学出版社
网　　　址：http://www.tup.com.cn，http://www.wqbook.com
地　　　址：北京清华大学学研大厦 A 座　　　　　　　邮　　编：100084
社 总 机：010-62770175　　　　　　　　　　　　　　邮　　购：010-83470235
投稿与读者服务：010-62776969，c-service@tup.tsinghua.edu.cn
质 量 反 馈：010-62772015，zhiliang@tup.tsinghua.edu.cn

印 装 者：三河市铭诚印务有限公司
经　　销：全国新华书店
开　　本：188mm×260mm　　　　　印　　张：14　　　　　字　　数：358 千字
版　　次：2021 年 6 月第 1 版　　　　印　　次：2021 年 6 月第 1 次印刷
定　　价：69.00 元

产品编号：085501-01

前言
Preface

Premiere Pro 2020是Adobe公司推出的一款非常优秀的视频编辑软件，它凭借编辑方式简便实用、对素材格式支持广泛、高效的元数据流程等优势，得到了众多视频编辑从业者和爱好者的青睐。本书带领读者逐步深入地了解软件功能，学习Premiere Pro 2020的使用技巧。

编写特点

理论与实例相结合是本书的一大特点。每一章的开始部分会对整个章节所涉及的知识点进行讲解，并提供图片进行参考，然后讲解软件功能，最后再针对软件功能的应用制作不同类型的案例，读者在动手实践的过程中可以轻松掌握软件的使用技巧。本书的每2章到第9章后配有经典案例，是所学知识的综合应用，具有重要的参考价值，读者可以边做边学，从新手快速成长为视频编辑高手。

内容安排

全书共分为10章，第1章和第2章介绍视频编辑的基础知识，以及Premiere Pro 2020的工作环境和基本操作；第3章和第4章介绍Premiere Pro 2020的视频效果和转场效果的应用；第5章介绍字幕的创建与编辑；第6章介绍利用关键帧制作运动效果的方法；第7章介绍MV的制作方法，以及音频效果的使用；第8章介绍独立影片的制作；第9章介绍叠加方式与抠像技术；第10章介绍了两个不同类型案例的制作方法。

本书主要以"理论知识讲解+实例应用讲解"的形式讲解，能让初学者更易学习书中内容，让有一定基础的读者更有效率地掌握重点和难点，快速提升视频编辑制作的技能。

附赠资源

本书的相关素材及相关视频教学文件，可以扫描下面的二维码进行下载。

如果在配套资源的下载过程中碰到问题，请联系陈老师，联系邮箱chenlch@tup.tsinghua.edu.cn。

视 频 教 学   相 关 素 材

作者及技术支持

技术支持

本书由黄文卿编著。在本书的编写过程中，编者以科学、严谨的态度，力求精益求精，但书中疏漏之处在所难免，如果有任何技术上的问题，请扫描右侧的二维码，联系相关的技术人员进行解决。

编者
2021年4月

目 录

Contents

第9章 特效短片——叠加方式与抠像技术 ··············· 175

第10章 综合实例 ··············· 185

第1章
实现创意的好帮手——Premiere Pro 入门

1.1 开启创意大门

在正式学习Premiere Pro之前需要了解一些基础理论知识，包括后期编辑类型、视频编辑术语，以及常用的视频、音频、图像的格式等。

1.1.1 后期编辑类型

在后期编辑中通过梳理前期拍摄的素材，按照创作意图、事件的逻辑可以将杂乱无序的镜头排序、重新组接，使之变成一个故事或是一组有意义的镜头。视频后期编辑的类型包括两种，分别为线性编辑和非线性编辑。

1. 线性编辑

线性编辑是指利用电子手段，对原始素材进行编辑，最终形成新的连续画面。其优点是技术比较成熟，操作相对简单，可以直观地对素材进行操作。但线性编辑系统所需的设备不仅需要投入较高的资金，而且设备的连线多，容易发生故障，维修过程更是复杂。另外，通过线性编辑只能按时间顺序编辑，无法删除、缩短或加长中间的某一段视频。

2. 非线性编辑

非线性编辑主要是借助计算机进行数字化制作，几乎所有的工作都在计算机中完成。这不仅减少了外部设备的数量、降低了故障发生的频率，更是突破了单一事件顺序编辑的限制。非线性编辑主要靠软件和硬件的支持，两者的组合称为"非线性编辑系统"。一个完整的非线性编辑系统由计算机、视频卡、声卡、高速硬盘、专用特效卡及外围设备构成。相比于线性编辑，非线性编辑的优点与特点主要体现在素材预览、编辑点定位、素材调整优化、素材组接、素材复制、特效功能、声音编辑及视频合成等方面。

1.1.2 视频编辑术语

对于初学者来说，可能会对一些专业术语感到不解，下面就讲解Premiere Pro中常用的视频编辑术语。

- **帧**：帧是视频技术中常用的最小单位，指的是数字视频和传统影视的基本单元信息。视频可以看作是大量的静态图片按照时间顺序放映出来的，而每一张图片就是一个单独的帧。
- **分辨率**：分辨率指帧的大小，它表示在单位区域内垂直和水平的像素数值。一般，单位区域中像素数值越大，图像显示越清晰。
- **剪辑**：剪辑指对素材进行修剪，这里的素材可以是视频、音频或图片等。
- **镜头**：镜头是视频作品的基本构成元素，不同的镜头对应不同的场景，在视频制作过程中经常需要对多个镜头或场景进行切换。
- **字幕**：字幕是在视频制作过程中添加的标志性信息元素，当画面中的信息量不够时，字幕就起到了一个补充信息的作用。
- **转场**：转场指从一个镜头切换到另外一个镜头时的过渡方式。转换过程中会加入过渡效果，如淡入淡出、闪黑、闪白等。
- **特效**：特效指为画面中的元素添加的各种变形和动作效果。
- **渲染**：渲染指视频文件应用了转场及特效后，将源文件信息组合成单个文件的过程。

1.1.3　常用视频格式

可以通过设定不同的视频文件格式把视频和音频放在一个文件中，以便同时回放。下面介绍几种常用视频格式。

1. AVI

AVI是Audio Video Interleave的缩写，指的是音频视频交叉存取格式，这种视频格式的优点是图像质量好，可以跨多个平台使用；缺点是体积过大。AVI格式对视频文件采用有损压缩，尽管画面质量不太好，但应用范围仍然非常广泛。

2. MOV

MOV即QuickTime影片格式，它是苹果公司开发的一种音频、视频文件格式。MOV格式可用于保存音频和视频信息，它具有很高的压缩比率和较完美的视频清晰度，其最大特点是跨平台性，不仅支持MacOS操作系统，还支持Windows操作系统。

3. MPEG

MPEG是Moving Picture Experts Group的缩写，即运动图像专家组格式。MPEG格式是运动图像压缩算法的国际标准，采用有损压缩，从而减少了运动图像中的冗余信息。目前，MPEG压缩标准主要有MPEG-1、MPEG-2、MPEG-4、MPEG-7与MPEG-21。

4. WMV

WMV是Windows Media Video的缩写，是微软公司推出的一种流媒体格式。在同等视频质量下，WMV格式文件的体积非常小，很适合在网上播放和传输。WMV格式的优点体现在可扩充、可伸缩、本地或网络回放、流的优先级化、多语言支持、扩展性等。

1.1.4　常用音频格式

音频格式指的是数字音频的编码方式，也就是数字音频格式。不同的数字音频设备一般对应不同的音频格式文件。下面介绍几种常用音频格式。

1. MP3

MP3是MPEG Audio Layer 3的缩写，是一种音频压缩技术。在MP3格式出现之前，一般的音频编码即使以有损方式进行压缩，能达到的压缩比例最高为4∶1。但是MP3格式的压缩比例可以达到12∶1，这是MP3格式迅速流行的原因之一。MP3格式利用人耳对高频声音信号不敏感的特性，将时域波形信号转换成频域信号，并划分成多个频段，对不同的频段使用不同的压缩率，对高频加大压缩比（甚至忽略信号），对低频使用小压缩比，以保证信号不失真。这样就相当于抛弃人耳基本听不到的高频声音，只保留能听到的低频部分，从而将声音用10∶1甚至12∶1的压缩率进行压缩。该格式具有文件小、音质好的特点。

2. WAV

WAV是微软公司开发的一种声音文件格式，它符合RIFF（Resource Interchange File Format）文件规范，多用于保存Windows平台的音频信息资源，被Windows平台及其应用程序所支持。WAV格式支持MSADPCM、CCITT A LAW等多种压缩算法，支持多种音频位数、采样频率和声道。标准格式的WAV文件采用44.1K的采样频率，速率为1411K/s，16位量化位数，WAV格式的声音文件质量和CD相差无几，也是广为流行的声音文件格式之一，几乎所有的音频编辑软件都可以识别WAV格式。

3. AAC

AAC是Advanced Audio Coding的缩写，指高级音频编码格式。AAC是由Fraunhofer IIS-A、杜比和AT&T共同开发的一种音频格式，它是MPEG-2规范的一部分。AAC格式采用的算法则与MP3格式的算法有所不同，它通过结合其他功能来提高编码效率。AAC格式同时支持多达48个音轨、15个低频音轨，具有多种采样率和比特率，以及多种语言的兼容能力、更高的解码效率。总之，AAC格式的文件可以在比MP3格式的文件缩小30%的前提下提供更好的音质。

4. RealAudio

RealAudio是一种可以在网络上传播和播放的音频格式。RealAudio格式的主要表现形式有：RA（RealAudio）、RM（RealMedia，RealAudio G2）、RMX（RealAudio Secured）等，统称为Real。这些格式的特点是可以随网络带宽的不同而改变声音的质量，在保证大多数人听到流畅声音的前提下，让带宽较富裕的听众获得较好的音质。

1.1.5　常用图像格式

图像文件是描绘一幅图像的计算机磁盘文件。下面介绍几种常用的图像格式。

1. JPEG

JPEG是Joint Photographic Experts Group的缩写，它是一种高效的压缩格式，最大特点是文件占用内存小，通常用于网络传输图像的预览和一些超文本文档。JPEG格式在压缩保存的过程中，会以失真方式丢掉一些数据。保存后的JPEG格式图像和原图会有所差别，既没有原图的质量好，也不支持透明度处理，所以印刷时最好不要使用此图像格式。

2. TIFF

TIFF是Tagged Image File Format的缩写，此格式用于在应用程序和计算机平台之间进行图像数据交换。在不需要图层或高品质无损保存图片时，这是最适合的格式。它不仅支持全透明度的处理，还支持不同颜色模式、路径、通道。该格式是打印文档时常用的格式之一。

3. PSD

PSD格式是Adobe Photoshop软件的专用格式，可以保留图像的图层、通道蒙版等信息，便于后续修改。用PSD格式保存文件时会对文件进行压缩，以减少占用的磁盘空间。由于PSD格式包含的图像数据信息较多，因此格式的图像文件体积大。

4. GIF

GIF格式是CompuServe提供的一种格式。该格式可在各种图像处理软件中通用，是经过压缩的文件格式。GIF格式占用空间较小，适用于网络传输，常用于存储动画效果图片。此外，GIF格式广泛应用于HTML网页文档中，但它只支持8位（256色）的图像文件。

1.2　Premiere Pro适用领域

Premiere Pro的视频编辑功能十分强大，适用于各种设计领域，不仅仅是用于剪辑视频。Premiere Pro广泛应用于电视栏目包装、自媒体短视频、企业宣传片、广告设计、MG动画、微电影、UI动效等领域。

1.2.1　电视栏目包装

电视栏目包装主要是对电视节目、频道的整体形象进行外在形式要素的规范和强化，这些外在形式要素包括声音、图像等，可在Premiere Pro中编辑。电视栏目包装的目的是为了突出节目的特色，增强节目的辨识度，统一节目的风格，为观众带来丰富的视觉体验，如图1-1所示。

图　1-1

1.2.2　自媒体短视频

近年来，自媒体短视频的发展迅速，被广泛应用于各个行业。Premiere Pro作为剪辑性能较强的软件之一，得到许多短视频用户的青睐。通过Premiere Pro软件可以轻松地完成简单的合成及动画制作，如图1-2所示。

图 1-2

1.2.3 企业宣传片

在制作企业宣传片时，Premiere Pro可在视频剪辑、特效添加、片头包装等环节发挥巨大作用。通过Premiere Pro不仅可以制作企业宣传片，还能制作活动宣传片等，如图1-3所示。

图 1-3

1.2.4 广告设计

广告设计主要是利用图像、文字、声音、色彩等元素，结合广告媒体的特征，在计算机上通过相关设计软件来实现表达意图，宣传商品、活动、主题等，达到吸引观者眼球的目的，如图1-4所示。

图 1-4

1.2.5 MG动画

MG动画也称为动态图形或图形动画，是近年来比较流行的一种动画风格。MG动画由多种制作软件制作而成，包括Cinema 4D、Premiere Pro、Illustrator、After Effects等。MG动画多为扁平化风格，相较于普通动画，MG动画的制作时间更短、节奏更快，能够在短时间内将大量信息融入画面，将碎片化信息进行整合，比较符合当前互联网的传播特点，以及受众的偏好，如图1-5所示。

图　1-5

1.2.6　微电影

微电影指微型电影，也称微影，是通过互联网新媒体平台传播的30~60分钟之内的影片，制作周期通常为7~15周，时长低于一般的电影时长，规模较小，且能通过互联网平台进行发行。其内容融合了时尚潮流、公益教育、商业定制等主题，可单独成篇，也可独立成剧，如图1-6所示。

图　1-6

1.2.7　UI动效

UI动效是针对手机、平板电脑等移动端设备上运行的App设计的动画效果。随着手机等移动设备功能的不断提升，UI动效可以在传统静态UI设计的层面上，使App的界面呈现更加清晰和直观，

更加全面地展示App的核心价值、用途及特色，如图1-7所示。

图　1-7

1.3　初识Premiere Pro 2020

为了使用户能有更好的体验，Premiere Pro在不断更新和完善。下面介绍Premiere Pro 2020版本的各项功能，以及软件工作区、面板、菜单等。

1.3.1　Premiere Pro 2020新增功能

Premiere Pro 2020不仅对一些已有功能进行了优化，还增加了许多新功能，下面进行具体介绍。

1. 方便团队合作项目

团队项目允许多个用户在视频编辑器中同时执行项目。Premiere Pro支持内置的版本控制、冲突解决和行动跟踪功能，因此项目参与方可以在任何地方进行协同工作。这些功能可以在各工作组和组织的创作团队中找到。

2. 自动重构视频剪辑

利用自动重构功能可对素材进行智能化自动重构，在不同的长宽比屏幕中保留帧内部的运动。

3. 图形和文本增强功能

基本图形面板用于查找编辑字幕、形状，以及在Premiere Pro和After Effects中创建的动态图形模板所需的所有控件。此外，文字工具类似于Photoshop和After Effects中的文字工具，可以在节目监视器中从头开始创建字幕。

4. 动态图形模板

After Effects构图可以打包为动态图形模板，通过Creative Cloud库进行共享并在Premiere Pro中打开。此后可以更改文本、颜色、大小、布局或情绪等变量，且不会改变整体美感，还可以使用文本、形状和剪辑图层创建自己的模板。

5. 基本声音面板

改进了与Audition的集成，提供Surround Reverb、Mastering和Stereo Expander等Favorite Audition效果。无需渲染，即可在Premiere Pro 的Essential Sound面板中将关键帧、音频效果和设置发送到Audition，而且这两个应用程序的面板可以相互兼容。

6. 更多格式的支持

对高动态范围的新增支持包括HLG（Hybrid LOG Gamma）、JPEG 2020 MXF导出的高级比特率控件等。

7. Lumetri颜色的改进

改进的颜色选择器可以立即选择HSL辅助颜色，使用HDR10文件，并享受增强的颜色空间元数据支持。

8. 其他增强功能

包括增强的4K 60p性能、对Apple Metal的改进支持、库面板内Stock素材的视频预览、虚拟与现实下的自动识别以及新的启动界面等。

1.3.2 安装Premiere Pro 2020的系统要求

下面介绍Premiere Pro 2020在不同操作系统上的配置要求。

1. Windows版本

- 处理器：Intel第7代或更新款的CPU及AMD同等产品。
- 操作系统：Microsoft Windows 10（64位）版本或更高版本。

- RAM：16GB RAM，用于HD媒体；32GB RAM，用于4K媒体或更高分辨率。
- GPU：4GB GPU VRAM。
- 硬盘空间：用于应用程序安装和缓存的快速内部SSD、用于媒体的额外高速驱动器。
- 显示器分辨率：1920×1080或更大。
- 声卡：与ASIO兼容或Microsoft Windows Driver Model。
- 网络存储连接：10GB以太网，用于4K共享网络工作流程。

2. Mac OS版本

- 处理器：Intel第6代或更新款的CPU。
- 操作系统：Mac OS v10.13或更高版本。
- RAM：16GB RAM，用于HD媒体；32GB RAM，用于4K媒体或更高分辨率。
- GPU：4GB GPU VRAM。
- 硬盘空间：用于应用程序安装和缓存的快速内部SSD、用于媒体的额外高速驱动器。
- 显示器分辨率：1920×1080或更大。
- 网络存储连接：10GB以太网，用于4K共享网络工作流程。

1.3.3 Premiere Pro 2020工作区

Premiere Pro 2020的工作区根据不同的工作模式进行划分。在不同的工作模式下，工作区的界面布局也大不相同，可以根据操作习惯在菜单栏中设置不同模式的工作界面。在菜单栏中执行"窗口"|"工作区"命令，即可选择不同模式的工作界面，如图1-8所示。

图 1-8

1."编辑"工作区

在 菜 单 栏 中 执 行 " 窗口"|"工作区"|"编辑"命令，即可切换至"编辑"工作区。在"编辑"工作区中，"监视器"和"时间轴"为主要组成部分，适用于日常视频的剪辑和处理，如图1-9所示。

2."所有面板"工作区

在 菜 单 栏 中 执 行 " 窗口"|"工作区"|"所有面板"命令，即可切换至"所有面板"工作区。"所有面板"工作区中的展示窗口非常多，各项功能及相关操作非常便捷，如图1-10所示。

3."元数据记录"工作区

在 菜 单 栏 中 执 行 " 窗口"|"工作区"|"元数据记录"命令，即可切换至"元数据记录"工作区，在此工作区中可以查看素材的属性和数据记录信息，如图1-11所示。

4."学习"工作区

在 菜 单 栏 中 执 行 " 窗口"|"工作区"|"学习"命令，即可切换至"学习"工作区，此工作区和"编辑"工作区的界面相似，甚至比"编辑"工作区的操作更简单，如图1-12所示。

5."效果"工作区

在 菜 单 栏 中 执 行 " 窗口"|"工作区"|"效果"命令，即可切换至"效果"工作区，在此工作区内，"效果控件""节目"监视器和"时间轴"为主要组成部分，如图1-13所示。

图 1-9

图 1-10

图 1-11

图 1-12

6. "图形"工作区

在菜单栏中执行"窗口"|"工作区"|"图形"命令，即可切换至"图形"工作区，在此工作区中可以很方便地添加各种图形，如图1-14所示。

7. "库"工作区

在菜单栏中执行"窗口"|"工作区"|"库"命令，就可切换至"库"工作区，如图1-15所示。

8. "组件"工作区

在菜单栏中执行"窗口"|"工作区"|"组件"命令，即可切换至"组件"工作区，如图1-16所示。

9. "音频"工作区

在菜单栏中执行"窗口"|"工作区"|"音频"命令，即可切换至"音频"工作区，在此工作区中可以很方便地调整音频的属性，并为音频添加效果，如图1-17所示。

10. "效果"工作区

在菜单栏中执行"窗口"|"工作区"|"效果"命

图 1-13

图 1-14

令，即可切换至"效果"工作区，在此工作区中可以很方便地调整Lumetri颜色，为视频添加色彩效果，如图1-18所示。

图 1-15

图 1-16

图 1-17

图 1-18

1.3.4 Premiere Pro 2020面板

打开Premiere Pro 2020，所看到的界面是Premiere Pro 2020的默认工作界面。其中的"源"监视器面板、"节目"监视器面板、"项目"面板及"序列"面板等，都是在视频编辑中经常用到的基本工作面板。下面介绍Premiere Pro 2020中的部分主要工作面板。

1. "源"监视器面板

"源"监视器面板用于显示原素材画面，在该面板中可对原素材进行编辑，如设置入点和出点，并指定剪辑的源轨道（音频或视频），也可插入剪辑标记，或将剪辑添加至"时间轴"面板的序列中，如图1-19所示。

图 1-19

2. "节目"监视器面板

在"节目"监视器面板中，可以对视频进行预览和剪辑，预览的序列就是"时间轴"面板中的活动序列。用户可以设置序列标记并指定序列的入点和出点，序列入点和出点用于定义序列中添加或移除帧的位置，如图1-20所示。

图 1-20

3. "项目"面板

"项目"面板主要用于存放素材和序列，在此面板中可以对素材进行复制、删除、重命名、替换等操作，还可以预览素材、查看素材详细属性等，如图1-21所示。

图 1-21

4."时间轴"面板

"时间轴"面板可用于组合"项目"面板中的各种素材片段,是制作影视节目、按时间排列的编辑面板。面板左边是轨道状态区,显示了轨道名称、轨道控制符号等,右边是轨道编辑区,可以排列和放置剪辑素材,如图1-22所示。

图 1-22

5."效果控件"面板

"效果控件"面板中显示了视频、音频的一些固定效果,包括运动、不透明度、音量等,也可以新建效果文件夹,添加常用的效果,如图1-23所示。

6."媒体浏览器"面板

通过"媒体浏览器"面板,可以直接浏览计算机中的其他素材,并将素材导入"项目"面板,或在监视器中浏览视频等,如图1-24所示。

图 1-23

图 1-24

7."效果"面板

"效果"面板中展示了软件所能提供的所有效果,其中包括预设、Lumetri预设、音频效果、音频过渡、视频效果和视频过渡,在编辑项目时,只需将需要的效果拖动到需要编辑的视频上即可,如图1-25所示。

图 1-25

8."音频剪辑混合器"面板

在"音频剪辑混合器"面板中有3个仪表盘,这样更方便在预览素材时调整设置,如图1-26所示。

图 1-26

9."历史记录"面板

"历史记录"面板主要用于记录操作步骤，在此面板中可选择删除或还原历史记录，如图1-27所示。

图 1-27

> **提示** 在编辑过程中，按快捷键Ctrl+Z可以撤销当前动作，按快捷键Ctrl+Shift+Z可以恢复为"历史记录"面板中当前动作的下一步。

10."元数据"面板

"元数据"面板显示了选定资源的剪辑实例元数据和XMP文件元数据，在该面板中可以看到素材的整体数据，如图1-28所示。

11."信息"面板

"信息"面板用于查看所选素材及序列的详细属性，如图1-29所示。

图 1-28

12."工具"面板

"工具"面板中包含一些常用工具的快捷方式，主要有选择工具▶、剃刀工具◆、钢笔工具✎、文字工具**T**等，如图1-30所示。

图 1-29　　　　图 1-30

1.3.5　Premiere Pro 2020菜单栏

Premiere Pro 2020菜单栏包含9个菜单，分别是文件、编辑、剪辑、序列、标记、图形、视图、窗口、帮助，如图1-31所示。下面将介绍各菜单的具体功能。

Pr Adobe Premiere Pro 2020 - D:\新建文件夹\未命名

文件(F)　编辑(E)　剪辑(C)　序列(S)　标记(M)　图形(G)　视图(V)　窗口(W)　帮助(H)

图　1-31

1．"文件"菜单

"文件"菜单主要用于对项目文件进行管理，其中包括常见的新建、打开、保存、导入、导出等命令，下面详细介绍各个命令菜单。

- 新建：创建新的项目、序列、字幕、调整图层等。
- 打开项目：打开已经存在的项目，快捷键为Ctrl+O。
- 打开团队项目：打开团队合作的已经存在的项目。
- 打开最近使用的内容：打开最近编辑过的项目。
- 转换Premiere Clip项目：直接将在手机上创作和编辑的影片传送到Premiere Pro 2020中，并使用相同的视频工具修饰。
- 关闭：关闭当前所选择的窗口，快捷键为Ctrl+W。
- 关闭项目：关闭当前打开的项目但不退出软件，快捷键为Ctrl+Shift+W。
- 关闭所有项目：关闭打开的所有项目，但不退出软件。
- 刷新所有项目：对打开的所有项目进行刷新。
- 保存：存储当前项目，快捷键为Ctrl+S。
- 另存为：将当前文件重新存储命名为另一个文件，也将进入一个新文件的编辑环境中，快捷键为Ctrl+Shift+S。
- 保存副本：为当前项目保存一个副本，但不会进入新的文件编辑环境，快捷键为Ctrl+Alt+S。
- 全部保存：将所有打开的项目全部保存。
- 还原：将最近依次编辑的文件或者项目还原，即返回到上次保存过的项目状态。
- 同步设置：将常规首选项、键盘快捷键、预设和库同步到Creative Cloud。
- 捕捉：可通过外部捕捉设备获取视频、音频等素材。
- 批量捕捉：通过外部捕捉设备批量获取视频、音频等素材。
- 链接媒体：查看链接丢失的文件，并快速查找和链接文件。

- 设为脱机：将Premiere Pro中导入的素材在原文件中移出、重命名或删除，这时该素材在Premiere Pro中就成为脱机文件。
- Adobe Dynamic Link：新建一个链接到Premiere Pro项目的Encore合成中，或是链接到After Effects文件中。
- 从媒体浏览器导入：从媒体浏览器中选择文件输入"项目"面板中。
- 导入：将硬盘上的素材导入"项目"面板中。
- 导入最近使用的文件：将最近编辑过的素材输入"项目"面板中，不弹出"导入"对话框，方便用户更快更准地输入素材。
- 导出：将当前工作区内的内容输出为视频。
- 获取属性：获取文件的属性或者选择内容的属性，包括文件和选择两个选项。
- 项目设置：包括常规和暂存盘，用于设置视频影片、时间基准和时间显示，显示视频和音频设置，提供用于采集音频和视频的设置及路径。
- 项目管理：打开"项目管理器"，可以创建项目的修整版本。
- 退出：退出Premiere Pro，关闭程序。

2．"编辑"菜单

- 撤销：撤销上一步的操作，快捷键为Ctrl+Z。
- 重做：与"撤销"命令相对，执行"撤销"命令之后该命令被激活，可以取消撤销操作，快捷键为Ctrl+Shift+Z。
- 剪切：将选中的内容剪切到剪切板，快捷键为Ctrl+X。
- 复制：将选中的内容复制一份。
- 粘贴：将剪切或复制的内容粘贴到指定的位置。
- 粘贴插入：将复制或剪切的内容以插入的方式粘贴到指定位置。
- 粘贴属性：将其他素材上的属性粘贴到选中的素材上，如过渡特效、运动效果等。
- 删除属性：删除所选素材的属性，包括运动效果、视频效果等。
- 清除：将选中的内容删除。
- 波纹删除：删除选中的素材且不在轨道中留

- 下空白间隙。

- 重复：复制"项目"面板中的素材，只有选中"项目"面板中的素材时，该命令才可用。

- 全选：选择当前面板中的全部内容。

- 选择所有匹配项：选择"时间轴"面板中的多个源自同一个素材的素材片段。

- 取消全选：取消所有选中的状态。

- 查找：查找"项目"中的定位素材。

- 查找下一个：自动查找下一个"项目"文件夹中的定位素材。

- 标签：改变"时间轴"面板中素材片段的颜色。

- 移除未使用资源：快速删除"项目"面板中未使用的素材。

- 合并重复项：将重复的项目进行合并。

- 团队项目：对团队项目进行编辑，包括获取最新更改、共享我的更改、解决冲突等。

- 编辑原始：将选中的素材在外部程序软件中进行编辑，如Photoshop等软件。

- 在Adobe Audition中编辑：将音频文件导入Audition中进行编辑。

- 在Audition Photoshop中编辑：将图片素材导入Photoshop中进行编辑。

- 快捷键：指定键盘快捷键。

- 首选项：设置Premiere Pro的一些基本参数，包括常规、外观、音频、音频硬件、同步设置等。

3. "剪辑"菜单

- 重命名：对"项目"面板中的素材及"时间轴"面板中的素材片段进行重命名。

- 制作子剪辑：根据在"源"监视器面板中编辑的素材创建附加素材。

- 编辑子剪辑：编辑附加素材的入点和出点。

- 编辑脱机：脱机编辑素材。

- 源设置：对素材的源对象进行设置。

- 修改：修改时间码或音频声道，以及查看或修改素材信息。

- 视频选项：设置帧定格、帧混合、场选项及缩放为帧大小等。

- 音频选项：设置音频增益、拆分为单声道、渲染和替换等。

- 速度/持续时间：设置素材的播放速度及持续时间。

- 捕捉设置：设置捕捉素材的相关参数。

- 插入：将素材插入"时间轴"面板中的当前时间指示处。

- 覆盖：将素材放置到当前时间指示处，覆盖已有的素材片段。

- 替换素材：使用磁盘上的文件替换"时间轴"面板中的素材。

- 替换为剪辑：用"源"监视器面板中编辑的素材或是素材库中的素材替换"时间轴"面板中已选中的素材。

- 渲染和替换：可以拼合视频剪辑和After Effects合成，从而加快VFX大型序列的功能。

- 恢复未渲染的内容：将未渲染的视频恢复为原始剪辑。

- 更新元数据：更新元数据的信息。

- 生成音频波形：可以为音频添加波形。

- 自动匹配序列：快速组合粗剪或将素材添加到已有的序列中。

- 启用：对"时间轴"面板中选中的素材进行激活或禁用，禁用的素材不能被导出，也不会在"节目"监视器面板中显示。

- 链接：可以链接不同轨道的素材，从而更便于编辑。

- 编组：可以将"时间轴"面板中的素材放入一个组内一起编辑。

- 取消编组：取消素材的编组。

- 同步：根据素材的起点、终点或时间码在"时间轴"面板中进行排列。

- 合并剪辑：将"时间轴"面板中的一段视频和音频合并为一个剪辑，并且不会影响原来的编辑。

- 嵌套：能够将源序列编辑到其他序列中，并保持源剪辑和轨道布局完整。

- 创建多机位源序列：选中"项目"面板中的3个或以上素材，执行该命令，可以创建一个多摄像机源序列。

- 多机位：对拍摄的多机位素材进行多机位剪辑。

4. "序列"菜单

- 序列设置：可以将"序列设置"对话框打开，并对序列参数进行设置。
- 渲染入点到出点的效果：渲染工作区域内的效果，创建工作区预览，并将预览文件保存到磁盘上。
- 渲染入点到出点：渲染整个工作区域，并保存到磁盘上。
- 渲染选择项：选择"时间轴"面板中的部分素材进行渲染，并保存到磁盘上。
- 渲染音频：只对工作区域的音频文件进行渲染。
- 删除渲染文件：删除磁盘上的渲染文件。
- 删除入点到出点的渲染文件：删除工作区域内的渲染文件。
- 匹配帧：匹配"节目"监视器面板和"源"监视器面板中的帧。
- 反转匹配帧：反转"节目"监视器面板和"源"监视器面板中的帧。
- 添加编辑：对剪辑进行分割，和剃刀工具的功能一样。
- 添加编辑到所有轨道：拆分时间指示处的所有轨道上的剪辑。
- 修剪编辑：对序列的剪辑入点和出点进行调整。
- 将所选编辑点扩展到播放指示器：将最接近播放指示器的选定编辑点移动到播放指示器的位置。
- 应用视频过渡：在两段素材之间添加默认视频过渡效果。
- 应用音频过渡：在两段音频之间添加默认音频过渡效果。
- 应用默认过渡到选择项：在选择的素材上添加默认的过渡效果。
- 提升：剪切在"节目"监视器面板中设置入点到出点的V1和A1轨道中的帧，并在"时间轴"上保留空白间隙。
- 提取：剪切在"节目"监视器面板中设置入点到出点的帧，且不在"时间轴"上保留空白间隙。

- 间隙。
- 放大：将"时间轴"放大。
- 缩小：将"时间轴"缩小。
- 封闭间隙：关闭序列中某一段的间隔。
- 转到间隔：跳转到序列的某一段间隔中。
- 在时间轴中对齐：将素材的边缘对齐。
- 链接选择项：将音频轨道和视频轨道链接，使两个轨道同步。
- 选择跟随播放指示器：可以将光标移动到哪个素材就选择哪个素材。
- 显示连接的编辑点：显示添加的编辑点。
- 标准化主轨道：设置所选音频，可以调整音频轨道中声音音量大小。
- 制作子序列：在原来的序列中重新新建一个序列。
- 自动重构序列：可以创建具有不同长宽比的复制序列，并对序列中的所有剪辑应用自动重构效果。
- 添加轨道：添加视频和音频的编辑轨道。
- 删除轨道：删除视频和音频的编辑轨道。

5. "标记"菜单

- 标记入点：在时间指示处添加入点标记。
- 标记出点：在时间指示处添加出点标记。
- 标记剪辑：设置与剪辑匹配的序列入点和出点。
- 标记选择项：设置与序列匹配的选择项的入点和出点。
- 标记拆分：在时间指示处添加拆分标记。
- 转到入点：跳转到入点标记。
- 转到出点：跳转到出点标记。
- 转到拆分：跳转到拆分标记。
- 清除入点：清除素材的入点。
- 清除出点：清除素材的出点。
- 清除入点和出点：清除素材的入点和出点。
- 添加标记：在级联菜单的指定处设置一个标记。
- 转到下一标记：跳转到素材的下一个标记。
- 转到上一标记：跳转到素材的上一个标记。
- 清除所选标记：清除素材上的指定标记。
- 清除所有标记：清除素材上的所有标记。
- 编辑标记：编辑当前标记的时间及类型等。

- 添加章节标记：为素材添加章节标记。
- 添加Flash提示标记：为素材添加Flash提示标记。
- 波纹序列标记：打开或关闭波纹序列标记。
- 复制粘贴包括序列标记：打开或关闭复制粘贴，包括序列标记。

6. "图形" 菜单

- 从Adobe Fonts添加字体：从Adobe Fonts添加需要的字体。
- 安装动态图形模板：从磁盘中安装动态图形模板。
- 新建图层：新建文本、直排文本、矩形框、椭圆框等。
- 对齐：设置字幕的对齐方式，其中包括垂直居中、水平居中、左对齐、右对齐等。
- 排列：当创建的字体互相重叠时，可以通过该命令对字体进行排列。
- 选择：当创建物体重叠时，可以通过该命令对物体进行选择。
- 升级为主图：将图形升级为一个独立的图形。
- 导出为动态图形模板：将编辑好的图形导出为动态图形模板。
- 替换项目中的字体：对选择的字体进行替换。

7. "视图" 菜单

- 回放分辨率：设置预览视频时的分辨率，包括5个选项，分别是完整、1/2、1/4、1/8、1/16。
- 暂停分辨率：设置暂停预览视频时的分辨率，包括5个选项，分别是完整、1/2、1/4、1/8、1/16。
- 高品质回放：在回放预览时播放高品质画质。
- 显示模式：设置预览时的显示模式，包括合成视频、多机位、音频波形等。
- 放大率：设置预览尺寸，可以放大或缩小。
- 显示标尺：在"节目"监视器面板中显示标尺。
- 显示参考线：在"节目"监视器面板中显示参考线。
- 锁定参考线：将参考线调整到合适位置进行锁定，之后不能进行移动。
- 添加参考线：添加参考线，可以设置其位置、颜色、单位及方向。

- 清除参考线：将所有参考线删除。
- 在节目监视器中对齐：可以在"节目"监视器面板中对齐。
- 参考线模板：使用参考线模板，或是将自定义的参考线作为模板。

8. "窗口" 菜单

- 工作区：选择需要的工作区布局进行切换或重置管理。
- 查找有关Exchange的扩展功能：打开或关闭查找Exchange的扩展功能。
- 扩展：在级联菜单中，可以选择打开Premiere Pro的扩展程序，列入默认的Adobe Exchange在线资源下载与信息查询辅助程序。
- 最大化框架：切换到当前面板的最大化显示状态。
- 音频剪辑效果编辑器：打开或关闭"音频剪辑效果编辑器"面板。
- 音频轨道效果编辑器：打开或关闭"音频轨道效果编辑器"面板。
- 标记：打开或关闭"标记"面板，可以在搜索框中快速查找带有不同颜色标记的素材文件。
- （无字幕）：打开或关闭"字幕"面板，主要用于调整和添加字幕
- 编辑到磁带：打开或关闭"编辑到磁带"面板，主要用于磁带上的编辑。
- 元数据：打开或关闭"元数据"面板，可以用于显示选定资源的剪辑实例元数据和XMP文件元数据。
- 效果：打开或关闭"效果"面板，可为视频、音频添加效果。
- 效果控件：打开或关闭"效果控件"面板，可在该面板中设置视频的效果参数及默认的运动属性、不透明度属性等。
- Lumetri范围：打开或关闭"Lumetri范围"面板，可以显示素材文件的颜色数据。
- Lumetri颜色：打开或关闭"Lumetri颜色"面板，可以对所选素材文件的颜色进行校正调整。
- 捕捉：打开或关闭"捕捉"面板，可以捕捉音频和视频。

- 字幕：打开或关闭"字幕"面板，可以添加字幕并调整其位置、颜色等属性。
- 项目：打开或关闭"项目"面板，可以存放素材和序列。
- 了解：打开或关闭"了解"面板，可以了解Premiere Pro软件的一些信息。
- 事件：打开或关闭"事件"面板，查看或管理序列中设置的事件动作。
- 信息：打开或关闭"信息"面板，查看当前所选素材的剪辑属性。
- 历史记录：打开或关闭"历史记录"面板，可查看完成的操作记录，或返回之前某一步骤的编辑状态。
- 参考监视器：打开或关闭"参考监视器"面板，可以选择显示素材当前位置的色彩通道变化。
- 基本图形：打开或关闭"基本图形"面板，可以浏览和编辑图形素材。
- 基本声音：打开或关闭"基本声音"面板，可以对音频文件进行对话、音乐、XFX及环境编辑。
- 媒体浏览器：打开或关闭"媒体浏览器"面板，可以查找或浏览用户计算机中各磁盘的文件信息。
- 工作区：打开或关闭"工作区"面板，主要用于显示当前工作区域。
- 工具：打开或关闭"工具"面板，可以使用一些常用工具，如剃刀工具、钢笔工具等。
- 库：打开或关闭"库"面板，可以连接Creative Cloud Libraries。
- 时间码：打开或关闭"时间码"面板，可以查看视频的持续时间等。
- 时间轴：打开或关闭"时间轴"面板，可用于组合"项目"面板中的各种片段。
- 源监视器：打开或关闭"源"监视器面板，可以对素材进行预览和剪辑素材文件等。
- 节目监视器：打开或关闭"节目"监视器面板，可以对视频进行预览和剪辑。
- 进度：打开或关闭"进度"面板，可以观看导入文件的状态。
- 音轨混合器：打开或关闭"音轨混合器"面板，可以调整选择序列的主声道。

- 音频剪辑混合器：打开或关闭"音频剪辑混合器"面板，能对音频素材的左右声道进行处理。
- 音频仪表：打开或关闭"音频仪表"面板，能显示混合声道输出音量大小的面板。

9. "帮助"菜单

- Premiere Pro帮助：可以查看帮助信息。
- Premiere Pro应用内教程：可进入"学习"工作区。
- Premiere Pro在线教程：获取在线视频教程。
- 提供反馈：给软件提供反馈意见。
- 系统兼容性报告：查看与系统是否冲突。
- 键盘：查看快捷键等。
- 管理我的账户：管理Premiere Pro账户。
- 登录：登录Premiere Pro。
- 更新：更新Premiere Pro软件。
- 关于Premiere Pro：查看软件的一些参数。

1.4　项目与素材的基本操作

在进行视频制作之前，首先需要掌握项目与素材的基本操作，包括新建项目、新建序列、导入素材、打开项目文件等。

1.4.1　新建项目

下面介绍新建项目的具体操作方法。

▶01 双击桌面上的Adobe Premiere Pro 2020图标，如图1-32所示。进入Premiere Pro 2020的主页，单击"新建项目"按钮，创建项目文件，如图1-33所示。

图　1-32

图 1-33

图 1-34

02 在弹出的"新建项目"对话框中，设置项目名称并更改项目存储位置，如图1-34所示。单击"位置"选项右侧的"浏览"按钮，可以在打开的对话框中选择路径文件夹，完成后单击"选择文件夹"按钮，如图1-35所示。最后在"新建项目"对话框中，单击"确定"按钮。

03 操作完成后，即可进入Premiere Pro 2020的工作界面，如图1-36所示。

图 1-35

图 1-36

1.4.2 新建序列

新建项目后，要新建序列，可根据素材的大小选择合适的序列类型。下面介绍几种常用的新建序列的方法。

1. 通过"文件"菜单新建序列

新建项目完成后，执行菜单栏中的"文件"|"新建"|"序列"命令，或按快捷键Ctrl+N，在弹出的"新建序列"对话框中，选择默认格式DV-PAL文件夹下的"标准48kHz"，并设置序列名称，然后单击"确定"按钮，如图1-37所示。这样就新建了一个项目序列，如图1-38所示。

图 1-37

图 1-38

> **提示**　"序列"面板也就是"时间轴"面板。当项目中没有序列时，面板左上角显示为"时间轴"；当项目中创建序列之后，面板左上角显示为"序列01""序列02"等。

2. 通过右击新建序列

在"项目"面板的空白处右击，在弹出的快捷菜单中执行"新建项目"|"序列"命令，在弹出的"新建序列"对话框中可以选择默认的序列格式，也可以进行自定义序列设置。在"新建序列"对话框中单击"设置"按钮，更改"编辑模式"为"自定义"，接着设置视频的参数及"序列名称"，完成后单击"确定"按钮，即可自定义序列，如图1-39所示。此时在"节目"监视器中也会出现新建序列的尺寸，如图1-40所示。

图　1-39

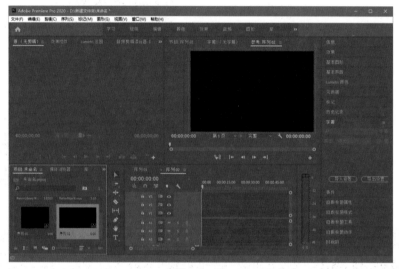

图　1-40

> **提示**　在没有新建序列的情况下，将素材文件拖曳至"时间轴"面板中，此时"项目"面板中将自动生成与素材文件等大的序列。

1.4.3　导入不同类别的素材

在Premiere Pro中有多种导入素材的方式。下面介绍使用不同方式导入不同类别素材的具体操作方法。

1. 导入视频素材

新建序列后，执行"文件" | "导入"命令（快捷键为Ctrl+I），或在"项目"面板的空白处右击，在弹出的快捷菜单中执行"导入"命令，在弹出的"导入"对话框中选择需要的素材，单击"打开"按钮，如图1-41所示，即可将选中的素材导入"项目"面板，如图1-42所示。

2. 导入PSD文件

打开素材所在的文件夹，选中一个或多个文件拖曳至"项目"面板中，释放鼠标即可将需要的素材导入"项目"面板，如图1-43所示。

图 1-41

图 1-42

图 1-43

3. 导入项目文件

打开"媒体浏览器"面板,接着打开素材所在的文件夹,选择一个或多个素材,右击,在弹出的快捷菜单中执行"导入"命令,即可将需要的素材导入"项目"面板,如图1-44所示。

图 1-44

> **提示**
> 通过以上3种方式都可实现素材的导入。

1.4.4 打开项目文件

打开项目文件是将已经存在的工程文件在Premiere Pro中打开,下面介绍几种常见的打开方式。

1. 在主页中打开项目

启动Premiere Pro软件时,在主页中单击"打开项目"按钮,如图1-45所示。在弹出的"打开项目"对话框中选择文件所在的路径,选择Premiere Pro项目文件,单击"打开"按钮,如图1-46所示,即可将选中的项目文件在Premiere Pro中打开,如图1-47所示。

2. 用"文件"菜单打开项目

进入Premiere Pro的工作界面,执行"文件"|"打开项目"命令,或按快捷键Ctrl+O,在弹出的"打开项目"对话框中选择Premiere Pro项目文件,单击"打开"按钮,如图1-48所示,即可将选中的项目在Premiere Pro中打开,如图1-49所示。

图 1-45

图 1-46

图 1-47

图 1-48

图 1-49

3. 在文件路径中打开项目

打开项目文件所在的路径文件夹，双击需要打开的项目文件，如图1-50所示，即可在Premiere Pro中打开此项目文件，如图1-51所示。

图 1-50

图 1-51

1.4.5 重命名素材

剪辑视频时，可以对素材编序或对素材重命名，这样在寻找素材时就会一目了然。下面介绍两种重命名素材的方式。

方法一：将素材导入"项目"面板中，将光标放在素材上方，右击素材，在弹出的快捷菜单中执行"重命名"命令，即可重新编辑素材名称，如图1-52所示。

方法二：在"项目"面板中选择素材文件，单击即可为素材重新命名，如图1-53所示。

图 1-52

图 1-53

1.4.6 替换素材

打开Premiere Pro的工作界面，将素材导入"项目"面板中，右击需要替换的素材，在弹出的快捷菜单中执行"替换素材"命令，如图1-54所示。此时将弹出"替换素材"对话框，在对话框中选择需要替换的素材，然后单击"选择"按钮，如图1-55所示，此时选中的素材将被替换。

图 1-54

图 1-55

第 2 章

感受影视创作的魅力——视频编辑与剪辑技巧

2.1 什么是剪辑

剪辑是通过选择、分解、取舍与组接等方式，用大量素材创作出连贯流畅、含义明确、主题鲜明且具有艺术感染力的作品。

2.1.1 剪辑的基本概念

"剪辑"可以理解为裁剪、编辑，是视频制作过程中非常重要的一个环节，它能影响作品的叙事、情感、节奏，在一定程度上决定作品质量的好坏。对拍摄的镜头、段落进行剪裁，并按照一定的结构将它们组接起来，这就是剪辑的基本流程。剪辑的本质是通过主体动作的分解组合来完成蒙太奇效果的塑造。

2.1.2 认识蒙太奇

蒙太奇一词来自于法文，有安装、装配、构成的意思，后用于表现镜头组接之意，并逐渐成为影视专用术语。简单来说，蒙太奇是指将影片画面或声音进行组接，并用于叙事、创造节奏、营造氛围、刻画情绪等。蒙太奇包括画面剪辑和画面合成。画面剪辑是指通过画面、图样的并列或叠化形成统一的图画作品；画面合成是将在不同地点、不同距离和不同角度，以不同方式拍摄的镜头组合起来，同时叙述情节、刻画人物，从而达到高度的概括和集中，激发观众的联想并创造出独特的影视时间和空间。

蒙太奇可以分为三种类型：叙事蒙太奇、表现蒙太奇、理性蒙太奇。第一种为叙事手段，后面两种主要用于表意。在此基础上可以细分为平行蒙太奇、交叉蒙太奇、颠倒蒙太奇、心理蒙太奇、抒情蒙太奇等。

2.1.3 剪辑的节奏

剪辑的节奏指通过主体运动、镜头长短和组接带来长短、起伏、轻重、缓急等心理感觉，可以影响作品的叙事方式和视觉感受，能推动情节发展。常见的剪辑节奏可分为内部节奏和外部节奏。

1. 内部节奏

内部节奏，也叫心理节奏。剪辑时，影片的节奏与创作人员的心理息息相关。例如，知觉的感受、记忆的再现、丰富的联想、逻辑的思维，都会影响剪辑的节奏。传统电影画面剪辑是通过手摇四连套片机摇出来的，完全依靠心理节奏。音画合成之后节奏点能够吻合，这便是心理活动所产生的节奏共性。

2. 外部节奏

外部节奏是指镜头组接的节奏，受制于影片的内容和结构。内容和结构是影片的整体节奏，而镜头组接只是局部节奏。在依据整个影片内容和结构处理节奏的前提下，还要结合具体内容考虑外部节奏。下面介绍几种常见的外部节奏。

- **静接静**：是指在一个动作结束时，另一个动作以静的形式切入。也就是说，上一帧结束在静止的画面上，下一帧以静止的画面开始，这样的方式不必强调视频运动的连续性，更多的是强调镜头的连贯性。
- **动接动**：是指镜头在运动过程中，通过推、拉、摇、移等动作进行主体的切换，以接近的方向或速度进行镜头组接，从而产生动感效果。

- **静接动**：是指一个运动不明显的镜头与一个动感的镜头进行组接，在节奏上和视觉上都有很强的推动力。
- **动接静**：是指在一个动感较强的镜头后面接一个动感微弱的镜头，和"静接动"正好相反，但效果差不多，同样会产生强烈的对比。
- **拼剪**：是将一个镜头重复拼接，一般是在镜头不够长或者补拍又不可能的情况下使用拼剪，起延长镜头时间、酝酿情绪的作用。

2.1.4 剪辑技巧

需要根据具体内容选择剪辑技巧。比如，影视剧的节奏会慢一些，短视频的切点会碎一些。但是也有通用的技巧。下面介绍几种常用的剪辑技巧。

1. 流畅剪辑

流畅剪辑是一种创造时间空间连续性幻觉的手法，多用于故事片剪辑，也称为好莱坞经典剪辑。

2. 错位剪辑

传统的技法是在镜头切换的同时声音也戛然而止，而错位剪辑是把声音延续到第二个镜头中，这不仅能巧妙糅合因镜头切换而产生的断裂感，还能更加有序地连贯电影的节奏。

3. 零度剪辑

这种剪辑在镜头与镜头之间采用连续对切的组接方式，影片从始至终没有任何特技，没有任何变化，也没有任何风格，有助于消除观众在电影观赏过程中对影像表现形式的注意。

4. 暴雨剪辑

这种剪辑会造成一种"暴雨"式的心理效果，以快速、密集的剪辑手法形成连续不断的视觉影像激流，给观众的心理造成强烈冲击。通过尽量缩小镜头之间的时间距离和空间距离，使本来单个的、间断的电影镜头形成一条快速的、完整的、连续的影像叙事链。

5. 转场

转场是一种常用的剪辑技巧，分为无技巧转场和技巧转场。无技巧转场是用镜头的自然过渡来连接，主要用于蒙太奇镜头段落之间的转换和镜头之间的转换。技巧转场是将预设的转场方式添加到两个镜头之间，常见的技巧转场方式有淡入淡出、闪黑、闪白等。

2.2 剪辑工具

在Premiere Pro中，剪辑视频需要使用不同的剪辑工具。本节介绍Premiere Pro中常用的剪辑工具，利用这些工具可以让剪辑更便捷。

2.2.1 "工具"面板

"工具"面板中包括选择工具、剃刀工具、文字工具等16种工具，如图2-1所示。

图 2-1

1. 选择工具

选择工具 ▶（快捷键为V）用于选择素材、图形、文字等对象。选择对象并按住鼠标左键不放，可以将"项目"面板中的素材拖曳至"时间轴"面板中，如图2-2所示。

图 2-2

2. 向前/向后选择轨道工具

向前选择轨道工具 /向后选择轨道工具 ▄▄（快捷键为A）用于选择目标文件左侧或右侧同轨道上的所有素材。当"时间轴"面板中的素材过多时，使用该工具会更方便。

在"工具"面板中选择向前选择轨道工具 ➡️，将光标放在第二段素材上方，如图2-3所示。单击此素材，即可将其后方的所有素材选中，如图2-4所示。

图 2-3

图 2-4

3. 波纹编辑工具

波纹编辑工具 （快捷键为B）用于调整选中素材的持续时间。在调整素材文件时，如果中间有空格，相邻的素材会自动移动并填补空格。

在"工具"面板中选择波纹编辑工具 ，将光标定位至视频后方，按住鼠标左键并向右移动，如图2-5所示。此时素材文件后方的文件会自动向前跟进，如图2-6所示。

图 2-5

图 2-6

4. 剃刀工具

剃刀工具 （快捷键为C）用于将一段视频裁剪为多段视频。按住Shift键可以同时剪辑多个轨道中的素材。

在"工具"面板中选择剃刀工具 ，将光标定位至"时间轴"面板中素材的上方，单击即可进行裁剪，如图2-7所示。裁剪后，该素材的每一段都可成为一个独立的素材文件，如图2-8所示。

图 2-7

图 2-8

按住Shift键可裁剪多个轨道上的素材文件，如图2-9所示。

图 2-9

5. 外滑工具

外滑工具 （快捷键为Y）用于同时更改"时间轴"面板内选中剪辑的入点和出点，并保持入点和出点之间的时间间隔不变，但需要注意的是，素材必须有足够的时间进行滑动，如图2-10所示。

图　2-10

> **提示**　在选择工具时尽量使用快捷键，这样操作比较方便，而且工作效率会提高。

2.2.2　"节目"监视器面板

在Premiere Pro中有两个常用的监视器，分别是源监视器和节目监视器。"源"监视器面板和"节目"监视器面板都是播放和编辑素材的面板，两个面板的底部有多个按钮。使用这些按钮可以便捷地对所选素材进行操作。单击面板右下角的"按钮编辑器" ，可以自定义各个按钮的布局。图2-11所示为默认状态下的"源"监视器面板，下面具体介绍该面板的按钮。

添加标记　标记入点　标记出点　转到入点　后退一帧　播放停止切换　前进一帧　转到出点　插入　覆盖　导出帧　按钮编辑器

图　2-11

- 添加标记：标注素材文件需要编辑的位置，快捷键为M。
- 标记入点：定义操作区域的开始位置，快捷键为I。
- 标记出点：定义操作区域的结束位置，快捷键为O。
- 转到入点：快速跳转到入点位置，快捷键为Shift+I。
- 后退一帧：使时间线向前（左侧）移动一帧。
- 播放/停止切换：对素材文件进行播放或停止播放操作，快捷键为Space（空格键）。
- 前进一帧：使时间线向后（右侧）移动一帧。
- 转到出点：快速跳转到出点位置，快捷键为Shift+O。
- 插入：将出入点之间的素材插入"时间轴"面板，时间线后方的内容将自动后移。
- 覆盖：将出入点之间的素材插入"时间轴"面板，并且会覆盖原来的内容。
- 导出帧：将当前帧以图片的形式导出。
- 按钮编辑器：添加或删除监视器底部的按钮，如图2-12所示。

图 2-12

> **提示**　"源"监视器和"节目"监视器底部的按钮相似，但功能并不是完全相同的，需要根据实际情况进行操作。

2.3　基本剪辑操作

在Premiere Pro中，对素材进行分类、标记、拆分、编组等都属于剪辑的基本操作。本节讲解素材的基本剪辑操作。

2.3.1　设置视频长宽比

在Premiere Pro中，视频的长宽比可分为两种，一种是新建序列整体的宽度和高度的比例，另一种是视频像素的长度和宽度的比例。

1.视频整体长宽比

在Premiere Pro中新建项目，执行"文件"|"新建"|"序列"命令，弹出"新建序列"对话框，单击"设置"标签，在"编辑模式"下拉列表中选择"自定义"选项，然后在"视频预览"选项组中设置"宽度"和"高度"，最后单击"确定"按钮，如图2-13所示，即可完成视频整体长宽比的设置。

2.像素长宽比

像素长宽比指放大作品到极限时所看到的每一个像素点的宽度和高度的比例。像素长宽比也是在"新建序列"对话框中设置，不需要进入"自定义"模式，像素的长宽比在任意编辑模式下都可以设置。在"新建序列"对话框的"视频"选项组中的"像素长宽比"下拉列表中选择所需比例即可，如图2-14所示。

图 2-13

图 2-14

2.3.2　分类管理素材

在进行视频制作前，尽量养成良好的剪辑习惯，可以将图片、视频或音频素材导入"项目"面板，进行分类管理，如图2-15所示。将文件全部导入"项目"面板后，在"项目"面板的空白处右击，在弹出的快捷菜单中执行"新建素材箱"命令，并将素材箱命名为"图片"，然后用同样的方法，依次创建"视频"素材箱和"音频"素材箱，如图2-16所示，最后将素材分类放到相应的素材箱内即可。

图 2-15

图 2-16

2.3.3 标记入点和出点

编辑视频时，素材开始的帧称为入点，结束的帧称为出点。编辑视频时在素材上添加标记，不仅便于素材位置的查找，而且方便后续的剪辑操作。下面介绍添加标记的方法。

1. 使用菜单命令标记入点和出点

选中素材，在菜单栏中执行"标记"|"标记入点"或"标记"|"标记出点"命令，即可为选中的素材添加入点或出点标记，如图2-17所示。

2. 在"源"监视器面板中标记入点和出点

双击选中"时间轴"面板或"项目"面板中需要标记的素材文件，该文件将出现在"源"监视器面板中。在"源"监视器面板中拖动时间线滑块预览素材，并在目标区域单击"添加入点"按钮 或"添加出点"按钮 ，即可完成入点和出点标记的添加，如图2-18所示。

图 2-17

图 2-18

> **提示** 在英文输入法状态下，按住键盘上的逗号键可以将标记的段落添加到"时间轴"面板中。

3. 在"节目"监视器面板中标记入点和出点

将需要添加标记的素材拖曳至"时间轴"面板中，在"节目"监视器面板中滑动时间线到需要添加标记入点和出点的位置，然后单击底部的"添加入点"按钮 或"添加出点"按钮 ，即可为素材添加入点和出点标记，如图2-19所示。

图 2-19

在完成上述操作后，"时间轴"面板中素材上方的相同位置也会出现标记，如图2-20所示。

图 2-20

> **提示** 标记入点的快捷键为I键；标记出点的快捷键为O键。

2.3.4 拆分与重组

在编辑视频时，如果想对其中的部分片段进行编辑，可以将该片段拆分成独立片段，再进行相关操作，并在操作完成后进行重组。

1. 拆分

选择"时间轴"面板中需要拆分的素材，在"工具"面板中选择剃刀工具 ，滑动时间线进行预览，在需要拆分的位置暂停并单击，即可将这段视频沿时间线所在位置分割为两个部分，如图2-21所示。拆分完成后，之前的一个片段就变

为两个独立片段。

图 2-21

2. 重组

重组指的是将两个独立的片段重新组合在一起，成为一段完整协调且连贯的画面。在"项目"面板中，将一段素材拖曳至"时间轴"面板中第一段素材后面，即可完成素材的重组。为了使两个素材的重组更连贯，可以为素材添加合适的转场效果，如图2-22所示。

图 2-22

2.3.5 提升和提取

提升和提取是在"节目"监视器面板中设置入点和出点后才能激活的命令。在入点和出点设置完成后，入点和出点之间的区域可通过执行"提升"或"提取"命令进行剪辑操作。

1. 提升

单击"节目"监视器面板底部的"提升"按钮 ，或执行菜单栏中的"序列"|"提升"命令，此时入点和出点之间的片段将自动删除，"时间轴"面板上方将出现一片空白区域，如图2-23所示。

图 2-23

2. 提取

单击"节目"监视器面板底部的"提取"按钮，或执行菜单栏中的"序列"|"提取"命令，此时入点和出点之间的片段将自动删除，该删除片段后方的素材也会自动填充上去，如图2-24所示。

图　2-24

2.3.6　链接与拆分

通常会发现录制视频与音频是一起录制的。在编辑视频时，视频素材放到"时间轴"面板中，音频会以链接的形式出现，这时候可以对视频和音频链接进行拆分，只留下视频素材。如果导入没有声音的视频，则需要添加背景音乐，也可将导入的音频与视频重新链接。

1. 链接

将一个独立的没有声音的视频素材、需要添加的音频素材拖曳至"时间轴"面板。同时选中两个素材，在"时间轴"面板的空白处右击，在弹出的快捷菜单中执行"链接"命令，即可将视频和音频素材链接到一起，如图2-25所示。

图　2-25

2. 拆分

将一段有声音的视频文件拖曳至"时间轴"面板。选择该素材，在"时间轴"面板的空白处右击，在弹出的快捷菜单中执行"取消链接"命令，此时链接的素材文件将被分离，如图2-26所示。

图　2-26

2.3.7　修改速度与时间

在编辑视频时，如果修改了一段素材的速度，那么这段素材的时间也会发生变化。若速度变快，则素材的持续时间变短；若速度变慢，则素材的持续时间变长。同理，如果修改了一段素材的时间，那它的速度也会发生变化，因此修改速度与时间可同时进行。下面介绍两种修改速度与时间的方法。

方法一：在"时间轴"面板中选择需要修改的素材，右击"时间轴"面板的空白处，在弹出的快捷菜单中执行"速度/持续时间"命令，如图2-27所示。

图　2-27

在弹出的"剪辑速度/持续时间"对话框中，将"速度"调整为200%，可以看到"速度"下方的"持续时间"也变短了，设置完成后，单击"确定"按钮，如图2-28所示。此时，"时间轴"面板中素材的时长缩短了，如图2-29所示。

图　2-28

图　2-30

图　2-31

图　2-29

方法二：在"工具"面板中选择比例拉伸工具 ，将光标移动到素材的起点或终点，接着向左或向右拖动，如图2-30所示，此时素材的时长将发生变化，如图2-31所示。

2.3.8　素材编组

在视频编辑中，可以对选中的多个素材进行编组，这样便于素材的移动、添加特效等。

在"时间轴"面板中选中需要编组的素材，然后在空白处右击，在弹出的快捷菜单中执行"编组"命令，如图2-32所示，此时编组的文件可以同时选择或移动，如图2-33所示。

图　2-32

图　2-33

2.4　素材实例：素材的打包整理

　　在制作视频的过程中，如果文件移动到其他位置，重新打开后可能会出现素材丢失的情况。为了避免这种情况，在制作阶段，可以将文件打包整理，方便文件移动位置后的操作。下面介绍素材打包整理的方法。

▶01 打开Premiere Pro 2020，新建项目和序列，将需要打包的素材拖曳至"时间轴"面板，如图2-34所示。

图　2-34

▶02 在菜单栏中执行"文件"|"项目管理"命令，在弹出的"项目管理器"对话框中勾选"序列01"复选框，该序列是需要应用的序列文件。

▶03 在"生成项目"选项组中选择"收集文件并复制到新位置"单选按钮，接着单击"浏览"按钮，选择文件的目标路径，最后单击"确定"按钮，如图2-35所示，即可完成素材的打包。

图 2-35

▶04 完成上述操作后，目标路径文件夹中将显示打包好的素材，如图2-36所示。

图 2-36

2.5 应用案例：野餐视频剪辑

本节通过剪辑野餐视频熟悉视频的编辑及剪辑技巧。在操作过程中，会将剪辑的片段放到"序列"面板中排列和组合。

▶01 启动Premiere Pro 2020，在主页上单击"新建项目"按钮，弹出"新建项目"对话框，设置"名称"及"位置"，完成后单击"确定"按钮，如图2-37所示。

图 2-37

02 执行"文件"|"新建"|"序列"命令,弹出"新建序列"对话框,在"可用预设"选项组的DV-PAL下拉列表中选择"标准48kHz"选项,单击"确定"按钮,如图2-38所示。

图 2-38

03 执行"文件"|"导入"命令,弹出"导入"对话框,选择需要导入的素材,单击"打开"按钮,如图2-39所示。

图 2-39

▶**04** 在"项目"面板中选择01.mp4素材，将其拖曳至"源"监视器面板中，将时间线移动到（00:00:00:00）位置，单击"标记入点"按钮 ，添加入点标记，如图2-40所示。

图 2-40

▶**05** 移动时间线到（00:00:03:00）位置，单击"标记出点"按钮 ，添加出点标记，如图2-41所示。

图 2-41

▶**06** 完成标记添加后，单击"源"监视器面板下方的"插入"按钮 ，将剪辑的素材添加到视频轨道中，如图2-42所示。

图 2-42

提示　　在"时间轴"面板中，按住键盘上的句号键可以快速将剪辑的素材添加到"时间轴"面板中。

▶**07** 在"项目"面板中选择02.mp4素材，将其拖曳至"源"监视器面板中，将时间线移动到（00:00:05:10）位置，单击"标记入点"按钮 ，添加入点标记，如图2-43所示。

图 2-43

▶**08** 移动时间线到（00:00:08:13）位置，单击"标记出点"按钮 ，添加出点标记，如图2-44所示。

▶**09** 完成标记添加后，单击"源"监视器面板中的"插入"按钮 ，将剪辑的素材添加到视频轨道中，如图2-45所示。

图　2-44

图　2-45

▶10 在"项目"面板中选择03.mp4素材，将其拖曳至"源"监视器面板中，将时间线移动到（00:00:11:51）位置，单击"标记入点"按钮，添加入点标记，如图2-46所示。

图　2-46

▶11 移动时间线到（00:00:16:11）位置，单击"标记出点"按钮，添加出点标记，如图2-47所示。

图　2-47

▶12 完成标记添加后，单击"源"监视器面板中的"插入"按钮，将剪辑的素材添加到视频轨道中，如图2-48所示。

图　2-48

▶13 在"项目"面板中选择04.mp4素材，将其拖曳至"源"监视器面板中，将时间线移动到（00:00:00:00）位置，单击"标记入点"按钮，添加入点标记，如图2-49所示。

图　2-49

▶**14** 移动时间线到（00:00:02:06）位置，单击
"标记出点"按钮 ┃，添加出点标记，如图2-50
所示。

图 2-50

▶**15** 完成标记添加后，单击"源"监视器面板中
的"插入"按钮 🗗，将剪辑的素材添加到视频轨
道中，如图2-51所示。

图 2-51

▶**16** 按Enter键渲染项目，完成后可预览视频效
果，如图2-52所示。

图 2-52

第3章

视频转场——视频效果的应用

3.1 视频转场概述

视频转场也称为视频过渡或视频切换，主要用于两个素材之间的画面场景切换，或是段落与段落之间的切换。在视频制作过程中，可以将转场添加到两个相邻的素材之间，使画面在播放时产生平缓连贯的视觉效果，这样更能吸引观者的注意力，增加影片的氛围。常见的视频转场方式有交叉溶解、闪黑、闪白、百叶窗等。

3.2 视频效果的使用

在Premiere Pro中，主要使用"效果"和"效果控件"这两个面板添加效果。

3.2.1 应用和控制滤镜效果

应用滤镜效果可以为画面直接添加滤镜，其中可选择的滤镜种类繁多。在"效果"面板中展开"Lumetri预设"文件夹，如图3-1所示。在展开列表中可根据需求选择滤镜，如图3-2所示。

图 3-1

图 3-2

在"效果"面板中依次展开"Lumetri预设"|Filmstocks文件夹，将Fuji F125 Kodak 2393效果拖曳至素材上方，释放鼠标，即可为画面添加滤镜效果，如图3-3所示。

图3-4所示为应用Fuji F125 Kodak 2393效果前后的对比画面。

图 3-3

图 3-4

选中效果后，在"效果控件"面板中可以调整滤镜效果，如图3-5所示。

图 3-5

提示 在"效果控件"面板中单击效果属性，或单击特效右侧的"重置"按钮，可以将属性参数或特效参数恢复到默认状态。

3.2.2 运用关键帧控制效果

在"效果控件"面板中，可以利用关键帧更为灵活地控制效果。首先在"时间轴"面板中为素材添加效果，然后进入"效果控件"面板，如图3-6所示。展开"创意"选项，对滤镜的强度进行调整，如图3-7所示。

图 3-6

图 3-7

通过关键帧控制滤镜效果的方法是：在视频的起始位置展开滤镜效果，添加"强度"关键帧，并将数值设置为0，如图3-8所示；在视频的结尾处，将数值调整到100，添加第二个关键帧，如图3-9所示。

图 3-8

图 3-9

3.3 视频效果的类型

Premiere Pro对视频效果进行了分类，以方便管理和查找，如图3-10所示。Premiere Pro的视频效果种类多，下面介绍常用的视频效果。

图 3-10

3.3.1 变换效果

变换效果组包括垂直翻转、水平翻转、羽化边缘、自动重新构图、裁剪5种效果，如图3-11所示。通过此组视频效果可以对视频画面进行二次构图。

图 3-11

1. 垂直翻转

在"效果"面板中依次展开"视频效果"|"变换"文件夹，将"垂直翻转"效果拖曳至素材上方，释放鼠标，画面将产生翻转效果，如图3-12所示为应用"垂直翻转"效果前后的对比画面。

2. 水平翻转

在"效果"面板中依次展开"视频效果"|"变换"文件夹，将"水平翻转"效果拖曳

至素材上方，释放鼠标，画面将产生翻转效果，如图3-13所示为应用"水平翻转"效果前后的对比画面。

不需要的部分，可以通过裁剪进行调整，在"效果"面板中依次展开"视频效果"|"变换"文件夹如图3-14所示。将"裁剪"效果拖曳至素材上方，释放鼠标，可在"效果控件"面板中对参数进行设置，如图3-15所示。

图 3-12

图 3-14　　　　　图 3-15

图3-16所示为应用"裁剪"效果前后的对比画面。

图 3-16

图 3-13

3. 裁剪

"裁剪"是较为常用的视频效果。对视频中

3.3.2　图像控制效果

图像控制效果组包含灰色系数校正、颜色平衡（RGB）、颜色替换、颜色过滤、黑白5种效果，如图3-17所示。通过此组效果可以对画面的颜色进行替换、过滤，或将画面处理为黑白效果。

图 3-17

3.3.3 实用程序效果

在实用程序效果组中只有一个效果，即Cineon转换器。该效果用于改变画面的明度、色调、高光和灰度等。在"效果"面板中依次展开"视频效果"|"实用程序"文件夹，如图3-18所示。将"Cineon转换器"效果拖曳至素材上方，释放鼠标，可在"效果控件"面板中对参数进行设置，如图3-19所示。

图 3-18   图 3-19

3.3.4 扭曲效果

扭曲效果组中包括偏移、变形稳定器、变换、放大、旋转扭曲等12种视频效果，如图3-20所示。通过此组视频效果可以对画面进行扭曲、变形等处理。

图 3-20

1. 偏移

"偏移"效果能使画面在水平或垂直方向上移动。在移动过程中，画面缺失的像素会自动进行补充。在"效果"面板中依次展开"视频效果"|"扭曲"文件夹，如图3-21所示。将"偏移"效果拖曳至素材上方，释放鼠标，可在"效果控件"面板中对参数进行设置，如图3-22所示。

图 3-21   图 3-22

图3-23所示为应用"偏移"效果前后的对比画面。

2. 变形稳定器

"变形稳定器"效果主要用于消除因摄像机移动导致的画面抖动，可以将抖动效果转化为稳定的平滑拍摄效果。

图 3-23

图 3-26

3. 变换

"变换"效果可以对素材的位置、角度及不透明度进行调整。在"效果"面板中依次展开"视频效果"|"扭曲"文件夹，如图3-24所示。将"变换"效果拖曳至素材上方，释放鼠标，可在"效果控件"面板中对参数进行设置，如图3-25所示。

4. 波形变形

"波形变形"效果能够使素材产生类似水波的波浪形状。在"效果"面板中依次展开"视频效果"|"扭曲"文件夹，如图3-27所示。将"波形变形"效果拖曳至素材上方，释放鼠标，可在"效果控件"面板中对参数进行设置，如图3-28所示。

图 3-24　　　　图 3-25

图 3-27　　　　图 3-28

图3-26所示为应用"变换"效果前后的对比画面。

图3-29所示为应用"波形变形"效果前后的对比画面。

图 3-29

3.3.5 时间效果

时间效果组包括残影、色调分离时间两种视频效果，如图3-30所示。通过此组视频效果可以对画面中不同帧像素进行混合处理，或调整画面色调分离的时间。

图 3-30

3.3.6 杂色与颗粒效果

杂色与颗粒效果组包括中间值（旧版）、杂色、杂色Alpha、杂色HLS、杂色HLS自动、蒙尘与划痕6种视频效果，如图3-31所示。通过此组效

果可以为画面添加杂色和颗粒，为画面营造复古质感。

3.3.7 模糊与锐化效果

模糊与锐化效果组包括减少交错闪烁、复合模糊、方向模糊等8种视频效果，如图3-32所示。通过此组效果可以有效调整画面模糊和锐化的程度。

图 3-31　　　　图 3-32

1. 方向模糊

"方向模糊"效果可以根据模糊角度和长度对画面进行模糊处理。在"效果"面板中依次展开"视频效果"|"模糊与锐化"文件夹，如图3-33所示。将"方向模糊"效果拖曳至素材上方，释放鼠标，可在"效果控件"面板中对参数进行设置，如图3-34所示。

图 3-33　　　　图 3-34

图3-35所示为应用"方向模糊"效果前后的对比画面。

图 3-35

图 3-38

> **提示** 通过"方向模糊"效果可以在画面中制作出快速移动的效果。

> **提示** "锐化量"越大，画面锐化越明显，但是过渡锐化会使画面看起来生硬、杂乱，因此在使用该特效时要随时关注画面的效果。

2. 锐化

"锐化"效果可以快速聚焦模糊边缘，提高画面清晰度。在"效果"面板中依次展开"视频效果"|"模糊与锐化"文件夹，如图3-36所示。将"锐化"效果拖曳至素材上方，释放鼠标，可在"效果控件"面板中对参数进行设置，如图3-37所示。

3. 高斯模糊

"高斯模糊"效果可以使画面既模糊又平滑，有效降低素材的层次细节。在"效果"面板中依次展开"视频效果"|"模糊与锐化"文件夹，如图3-39所示。将"高斯模糊"效果拖曳至素材上方，释放鼠标，可在"效果控件"面板中对参数进行设置，如图3-40所示。

图 3-36　　　　　图 3-37

图3-38所示为应用"锐化"效果前后的对比画面。

图 3-39　　　　　图 3-40

如图3-41所示为应用"高斯模糊"效果前后的对比画面。

图 3-41

图 3-42

图 3-43

3.3.8 沉浸式视频效果

沉浸式视频效果组包括VR分形杂色、VR发光、VR平面到球面、VR投影等13种视频效果，如图3-42所示。通过此组视频效果可以制作和修饰VR沉浸式画面。

3.3.9 生成效果

生成效果组包括书写、单元格图案、吸管填充、四色渐变、圆形等12种视频效果，如图3-43所示。通过此组效果可以设置类似于视频转场的特效。

1. 四色渐变

"四色渐变"效果可通过对颜色及其参数的调节，使画面产生4种颜色的渐变效果。在"效果"面板中依次展开"视频效果"|"生成"文件夹，如图3-44所示。将"四色渐变"效果拖曳至素材上方，释放鼠标，可在"效果控件"面板中对参数进行设置，如图3-45所示。

图 3-44

图 3-45

图3-46所示为应用"四色渐变"效果前后的对比画面，将"混合模式"改为"滤色"，即可应用"四色渐变"效果。

图 3-46

图 3-49

2. 镜头光晕

"镜头光晕"效果可模拟在自然光环境中拍摄时的强光及产生的光晕效果。在"效果"面板中依次展开"视频效果"|"生成"文件夹，如图3-47所示。将"镜头光晕"效果拖曳至素材上方，释放鼠标，可在"效果控件"面板中对参数进行设置，如图3-48所示。

图 3-47 图 3-48

图3-49所示为应用"镜头光晕"效果前后的对比画面。

3.3.10 视频效果

视频效果组包括4种效果，分别是SDR遵从情况、剪辑名称、时间码、简单文本，如图3-50所示。通过此组效果可以设置素材的亮度、对比度、阈值和记录图像信号时的数字编码等。

图 3-50

3.3.11 调整效果

调整效果主要用于调整画面的颜色，其中包括5种效果，分别是ProcAmp、光照效果、卷积内核、提取、色阶，如图3-51所示。

1. ProcAmp

ProcAmp效果可以调整画面的亮度、对比度、色相、饱和度等。在"效果"面板中依次展开"视频效果"|"调整"文件夹，如图3-52所示。将ProcAmp效果拖曳至素材上方，释放鼠标，可在"效果控件"面板中对参数进行设置，如图3-53所示。

图 3-51

图 3-52

图 3-53

2. 色阶

"色阶"效果可以调整画面的明暗层次关系。在"效果"面板中依次展开"视频效果"|"调整"文件夹，如图3-54所示。将"色阶"效果拖曳至素材上方，释放鼠标，可在"效果控件"面板中对参数进行设置，如图3-55所示。

图 3-54   图 3-55

3.3.12 过时效果

过时效果组可用于调整画面的颜色。该效果组包括RGB曲线、RGB颜色校正器、三向颜色校正器、亮度曲线等12种视频效果，如图3-56所示。

图 3-56

1. RGB曲线

"RGB曲线"效果用于对画面颜色进行曲线调整。在"效果"面板中依次展开"视频效果"|"过时"文件夹，如图3-57所示。将"RGB曲线"效果拖曳至素材上方，释放鼠标，可在"效果控件"面板中对参数进行设置，如图3-58所示。

图 3-57   图 3-58

提示 设置"RGB曲线"的参数时，在曲线上需要添加控制点的位置单击即可。

2. 快速模糊

"快速模糊"效果可以对画面整体或局部进行快速模糊。在"效果"面板中依次展开"视频效果"|"过时"文件夹，如图3-59所示。将"快速模糊"效果拖曳至素材上方，释放鼠标，可在"效果控件"面板中对参数进行设置，如图3-60所示。

图 3-59

图 3-60

图3-61所示为应用"快速模糊"效果前后的对比画面。

图 3-61

3.3.13 过渡效果

过渡效果组包括5种效果，分别是块溶解、径向擦除、渐变擦除、百叶窗、线性擦除，如图3-62所示。运用该组效果可以为视频添加类似于转场的过渡效果。

图 3-62

3.3.14 透视效果

透视效果组包括基本3D、径向阴影、投影、斜面Alpha、边缘斜面5种视频效果，如图3-63所示。通过此组效果可以在画面中制作透视3D效果，还可以添加阴影，使素材产生三维效果。

图 3-63

3.3.15 通道效果

通道效果组包括反转、复合运算、混合、算术、纯色合成、计算、设置遮罩等7种视频效果，如图3-64所示。通过此组效果可以对素材通道进行反转、混合、叠加等处理。

3.3.16　键控效果

键控效果组包括Alpha调整、亮度键、图像遮罩键、差值遮罩、超级键等9种视频效果，如图3-65所示。通过此组效果可以为画面添加遮罩或进行抠像等。

图　3-64　　　　　　图　3-65

"超级键"效果可用于给素材抠像。在"效果"面板中依次展开"视频效果"|"键控"文件夹，如图3-66所示。将"超级键"效果拖曳至素材上方，释放鼠标，可在"效果控件"面板中对参数进行设置，如图3-67所示。

图　3-66　　　　　　图　3-67

图3-68所示为应用"超级键"效果前后的对比画面。

图　3-68

3.3.17　颜色校正效果

颜色校正效果组包括ASC CDL、Lumetri颜色、亮度与对比度、保留颜色、更改为颜色等12种视频效果，如图3-69所示。通过此组视频效果可以对画面的颜色进行调整和处理。

图　3-69

1. Lumetri颜色

"Lumetri颜色"效果可以对画面进行基础调整，在该效果的"基本校正"选项中可以调整画面的曝光、对比度、阴影、高光等。在"效果"

面板中依次展开"视频效果"|"颜色校正"文件夹，如图3-70所示。将"Lumetri颜色"效果拖曳至素材上方，释放鼠标，可在"效果控件"面板中对参数进行设置，如图3-71所示。

图 3-70　　　　图 3-71

2. 更改为颜色

通过"更改为颜色"效果可以将视频原本的颜色更改为另一个颜色。在"效果"面板中依次展开"视频效果"|"颜色校正"文件夹，如图3-72所示。将"更改为颜色"效果拖曳至素材上方，释放鼠标，可在"效果控件"面板中对参数进行设置，如图3-73所示。

图 3-72　　　　图 3-73

如图3-74所示为应用"更改为颜色"效果前后的对比画面。

图 3-74

3.3.18 风格化效果

风格化效果组包括Alpha发光、复制、彩色浮雕、画笔描边、马赛克等13种视频效果，如图3-75所示。

图 3-75

1. Alpha发光

"Alpha发光"效果能够制作发光效果。在"效果"面板中依次展开"视频效果"|"风格

化"文件夹，如图3-76所示。将"Alpha发光"效果拖曳至素材上方，释放鼠标，可在"效果控件"面板中对参数进行设置，如图3-77所示。

图　3-76　　　　　　图　3-77

2. 画笔描边

"画笔描边"效果能够使画面产生类似于画笔涂鸦或水彩画的效果。在"效果"面板中依次展开"视频效果"|"风格化"文件夹，如图3-78所示。将"画笔描边"效果拖曳至素材上方，释放鼠标，可在"效果控件"面板中对参数进行设置，如图3-79所示。

图　3-80

3. 马赛克

"马赛克"效果可将画面自动转换为以像素块拼接的画面。在"效果"面板中依次展开"视频效果"|"风格化"文件夹，如图3-81所示。将"马赛克"效果拖曳至素材上方，释放鼠标，可在"效果控件"面板中对参数进行设置，如图3-82所示。

图　3-78　　　　　　图　3-79

如图3-80所示为应用"画笔描边"效果前后的对比画面。

图　3-81

图 3-82

"水平块"和"垂直块"是指画面宽和高的像素块数,当"水平块"和"垂直块"数值分别为10和20时,对比效果如图3-83所示。

图 3-83

3.4 应用案例:画面分割转场

分割转场指的是通过一个画面分割过渡到下一个画面,本案例的重点操作是"轨道遮罩键"效果的使用。下面介绍应用视频效果制作画面分割转场的具体操作。

▶**01** 启动Premiere Pro 2020,新建项目,新建序列。

▶**02** 执行"文件"|"导入"命令,弹出"导入"对话框,选择要导入的素材,单击"打开"按钮,如图3-84所示。

图 3-84

▶**03** 在"项目"面板中选择01.mp4、02.mp4素材,按住鼠标左键,将其拖曳至"时间轴"面板中,如图3-85所示。

图 3-85

▶**04** 执行"文件"|"新建"|"旧版标题"命令,在弹出的"新建字幕"对话框中单击"确定"按钮,如图3-86所示。

▶**05** 进入"字幕"编辑器面板,选择矩形工具■,在画面中绘制一个矩形,并为其填充白色,如图3-87所示。

▶**06** 关闭"字幕"编辑器面板,在"时间轴"面板中选中"字幕01"素材并右击,在弹出的快捷菜单中执行"嵌套"命令,如图3-88所示。

▶**07** 双击进入嵌套序列。在"效果"面板中依次展开"视频效果"|"过渡"文件夹,将"线性擦除"效果拖曳至"字幕01"素材上方,如图3-89所示。

图　3-86

图　3-87

图 3-88

图 3-89

▶08 选择过渡效果。进入"效果控件"面板，将时间线移动到起始位置，为"过渡完成"添加一个关键帧，并将数值设置为100%；将时间线移动到（00:00:03:03）位置，然后将数值设置为0%，同时将"擦除角度"设置为50°，如图3-90所示。

图 3-90

▶09 进入"时间轴"面板，选择"字幕01"素材，按住Alt键复制一层，并将其位置往下移动，将"擦除角度"设置为–50°，如图3-91所示。

图 3-91

▶10 选择02.mp4素材，在"效果"面板中依次展开"视频效果"|"键控"文件夹，将"轨道遮罩键"效果拖曳至02.mp4素材上方，在"效果控件"面板中设置"遮罩"为"视频3"，设置"合成方式"为"亮度遮罩"，如图3-92所示。

图　3-92

▶11 使所有素材结尾处对齐。在"效果"面板中依次展开"视频过渡"|"溶解"文件夹，将"黑场过渡"效果拖曳至01.mp4和02.mp4素材结尾处，如图3-93所示。

图　3-93

▶12 将"项目"面板中的"背景音乐.wav"素材拖曳至"时间轴"面板中，并调整其长度和视频素材一致，如图3-94所示。

图　3-94

▶13 在"效果"面板中依次展开"音频过渡"|"交叉淡化"文件夹，将"指数淡化"效果拖曳至音频素材的结尾处，如图3-95所示。

图 3-95

▶14 按Enter键渲染项目，渲染完成后可预览视频效果，如图3-96和图3-97所示。

图 3-96

图 3-97

3.5 应用案例：画面旋转转场

　　画面旋转转场指的是一个画面旋转360°并逐渐过渡到另一个画面，下面介绍应用视频效果制作画面旋转转场的具体操作。

▶01 启动Premiere Pro 2020，新建项目，新建序列。

▶02 执行"文件"|"导入"命令，弹出"导入"对话框，选择要导入的素材，单击"打开"按钮，如图3-98所示。

图 3-98

▶03 在"项目"面板中选择01.mp4和02.mp4素材，按住鼠标左键，将其拖曳至"时间轴"面板中，如图3-99所示。

图 3-99

▶04 在"项目"面板中右击，在弹出的快捷菜单中执行"新建项目"|"调整图层"命令，将新建

的"调整图层"素材拖曳至两段素材截断处的上方，设置左右跨度为5帧，并按住Alt键复制一层，如图3-100所示。

图　3-100

▶05 进入"时间轴"面板，选中V2轨道上的"调整图层"素材。在"效果"面板中依次展开"视频效果"|"风格化"文件夹，将"复制"效果拖曳至V2轨道上的"调整图层"素材上方，然后将"效果控件"面板中的"计数"设置为3，如图3-101所示。

图　3-101

▶06 给V2轨道上的"调整图层"素材添加4个镜像效果。在"效果"面板中依次展开"视频效果"|"扭曲"文件夹，将"镜像"效果拖曳至素材上方，将"反射角度"设置为90°、-90°、0°、180°，并调整其位置，如图3-102所示。

▶07 选中V3轨道上的"调整图层"素材。在"效果"面板中依次展开"视频效果"|"扭曲"文件夹，将"变换"效果拖曳至素材上方，调整"缩放"为237，将时间线移动到第一帧，为"旋转"添加一个关键帧，并调整数值为0°；移动到最后一帧，调整数值为360°，取消勾选"使用合成快门角度"复选框，将"快门角度"设置为300，如图3-103所示。

▶08 在"效果"面板中依次展开"视频过渡"|"溶解"文件夹，将"黑场过渡"效果拖曳至02.mp4素材的结尾处，如图3-104所示。

▶09 将"项目"面板中的"背景音乐.wav"素材拖曳至"时间轴"面板中，并调整其长度与视频素材对齐，如图3-105所示。

图 3-102　　　　　　　　　　　　　　　图 3-103

图 3-104

图 3-105

▶10 在"效果"面板中依次展开"音频过渡"|"交叉淡化"文件夹，将"指数淡化"效果拖曳至音频素材的结尾处，如图3-106所示。

图 3-106

▶11 按Enter键渲染项目，渲染完成后可预览视频
效果，如图3-107和图3-108所示。

图 3-107

图 3-108

3.6 应用案例：发光效果

本例使用"高斯模糊"效果给画面添加发光
效果，具体操作方法如下。

▶01 启动Premiere Pro 2020，新建项目，新建
序列。

▶02 执行"文件"|"导入"命令，弹出"导入"
对话框，选择要导入的素材，单击"打开"按
钮，如图3-109所示。

图 3-109

▶03 在"项目"面板中选择01.mp4素材，将其拖
曳至"节目"监视器面板中，如图3-110所示。

▶04 选中01.mp4素材，按住Alt键复制一层，在
"效果"面板中展开"视频效果"|"模糊与锐
化"文件夹，将"高斯模糊"效果拖曳至V2轨
道上的01.mp4素材上方，如图3-111所示。

图 3-110

图 3-111

▶05 进入"效果控件"面板，调整"模糊度"为40，并勾选"重复边缘像素"复选框，如图3-112所示。

▶06 将"项目"面板中的"背景音乐.wav"素材文件拖曳至"时间轴"面板中，并调整其长度，使音频长度与视频长度相同，如图3-113所示。

▶07 在"效果"面板中依次展开"视频过渡"|"溶解"文件夹，将"黑场过渡"效果拖曳至两段01.mp4素材的结尾处，如图3-114所示。

▶08 在"效果"面板中依次展开"音频过渡"|"交叉淡化"文件夹，将"恒定增益"效果拖曳至音频素材的结尾处，如图3-115所示。

▶09 按Enter键渲染项目，渲染完成后可预览视频效果，如图3-116所示。

图 3-112

图　3-113

图　3-114

图　3-115

图　3-116

3.7 拓展练习：蒙版转场

蒙版转场可以实现从一个画面通过一个物体穿越到另一个画面的特效，主要使用的功能是蒙版抠像。在Premiere Pro项目中导入素材，如图3-117所示。将01素材拖入"节目"监视器面板中，在"时间轴"面板中将01素材后半部分截断并选中，在"效果控件"面板中选中"不透明度"，用钢笔工具给杯子绘制蒙版，如图3-118所示，然后为素材创建放大动画。

图 3-117

图 3-118

用同样的方法编辑其余的素材。为素材添加蒙版后，可使用"超级键"效果对绿幕素材进行抠像，如图3-119所示。完成操作后，为素材创建放大动画。

图 3-119

渲染完成后，视频预览效果如图3-120所示。

图 3-120

第4章 电子相册——转场效果的应用

4.1 电子相册概述

电子相册具有传统相册无法比拟的优越性，包括图、文、声、像并茂的表现手法，可自由修改、快速检索，便于永久保存、简捷复制。电子相册的内容并不局限于摄影照片，也可以是各种艺术图片。

4.1.1 制作要点

与传统相册相比，电子相册更加方便，且交互性强，因此很多人会选择将照片做成电子相册。一般来说，制作电子相册的要点有以下3个。

1. 主题风格

电子相册的风格多种多样，可以是简单的拼接风格、怀旧风格、婚礼纪念册、青春纪念册，或某个特定节日的宣传等。在制作电子相册前，要先确定好制作风格，然后根据风格选取合适的素材。

2. 剪辑节奏

电子相册的剪辑十分重要。比如，一些节日广告的宣传电子相册可以剪辑得更欢快一些，而怀旧类的电子相册则可以更舒缓一些。合适的剪辑方式更能带动观者的情绪。

3. 风格统一

电子相册中所有元素的风格应该统一，从照片、背景音乐到剪辑的节奏都应当保持统一。

4.1.2 主要构成元素

电子相册的构成元素众多，下面介绍几种常见构成元素。

1. 图片

在电子相册中，图片是必不可少的重要元素，其他很多元素都是围绕图片的风格选择的。

2. 背景音乐

背景音乐可以烘托气氛，让电子相册更具感染力，可以根据图片的风格选取不同的背景音乐。

3. 文字

在电子相册中，文字也是常用的元素。不同的字体会让作品呈现不一样的观感，同时能传递信息，让观者明白创作意图。

4. 转场

大部分电子相册是以图片为主，转场的添加可以使画面之间的切换更自然，可以使两段素材更好地融合到一起。

4.2 转场效果的使用

在Premiere Pro 2020中，可以通过"效果"和"效果控件"这两个面板添加转场效果。下面介绍转场效果的基本操作。

4.2.1 添加视频转场效果

首先需要将至少两个素材拖曳至"时间轴"面板中（图片素材或视频素材），接着展开"效果"面板，在"视频过渡"文件夹中根据需要选择合适的视频过渡效果组，再选择合适的过渡效果并拖曳至两段素材之间，即可完成视频转场效果的添加，如图4-1和图4-2所示。

图 4-1

图 4-2

> **提示**　　在"效果"面板上方的搜索框中直接输入过渡效果的名称并进行搜索，"效果"面板中将快速出现搜索的结果，这样可以在一定程度上节省操作时间。

4.2.2　转场效果参数调整

　　添加完过渡效果后，如果想对效果的参数进行调整，可在"时间轴"面板中单击此效果，在"效果控件"面板中将出现该效果的参数，如图4-3所示。需要注意的是，不同转场效果对应的参数不同。

图 4-3

- ▶播放按钮：单击该按钮，可在下方的窗口中查看过渡效果。
- 持续时间：设置过渡效果的停留时间。
- 对齐：在下拉列表中可选择素材的对齐方式，包括中心切入、起点切入、终点切入、自定义切入。
- 开始和结束：设置过渡效果中开始和结束的时间比。
- 显示实际源：勾选此复选框，可以在"效果控件"面板中对素材画面进行预览，如图4-4所示。

图 4-4

● 反向：勾选该复选框，动画效果将进行反转，从相反的反向进入。图4-5所示为勾选"反向"复选框前后的效果对比。

图 4-5

 不同的对齐类型可以控制不同的转场效果。

4.2.3 调整转场效果的持续时间

在Premiere Pro中添加的转场效果的默认持续时间为1秒，如果要修改转场的持续时间和速度，可以使用以下3种方法。

1. 使用快捷菜单设置持续时间

在"时间轴"面板中选择转场效果，右击，在弹出的快捷菜单中执行"设置过渡持续时间"命令，如图4-6所示。在弹出的"设置过渡持续时间"对话框中，可更改转场的持续时间，如图4-7所示，完成设置后单击"确定"按钮。

图 4-6

图 4-7

2. 在"效果控件"面板中更改持续时间

在"时间轴"面板中选择转场效果后，可以在"效果控件"面板中通过修改"持续时间"调整转场的持续时间，如图4-8所示。

3. 直接拖动调整持续时间

这种方法是最简单的。在"时间轴"面板中选中转场效果，向左边或右边进行拖动，即可调整转场的持续时间，如图4-9所示。

图 4-8

图 4-9

> **提示** 双击"时间轴"面板中的转场效果，可以在弹出的对话框中直接调整持续时间。

4.3 转场效果的类型

Premiere Pro 2020中转场效果的类型众多，每个效果组包含多个同类型的过渡效果。下面介绍一些常用的转场效果。

4.3.1 3D运动效果组

3D运动效果组中的效果可使两个相邻的视频产生从二维到三维的过渡效果。该效果组包括两种过渡效果，分别是立方体旋转、翻转，如图4-10所示。

1. 立方体旋转

"立方体旋转"效果可以使素材在过渡中产生立方体旋转的效果。在"效果"面板中依次展开"视频过渡"|"3D运动"文件夹，如图4-11所示。将"立方体旋转"效果拖曳至素材上方，释放鼠标，即可添加效果，并可以在"效果控件"面板中对参数进行设置，如图4-12所示。

图 4-10

图 4-11

图 4-12

图4-13所示为应用"立方体旋转"效果后的画面。

图 4-13

2. 翻转

"翻转"效果使素材以画面中心为垂直点进行翻转，素材A逐渐翻转隐去，素材B渐渐显示出来。在"效果"面板中依次展开"视频过渡"|"3D运动"文件夹，如图4-14所示。将"翻转"效果拖曳至素材上方，释放鼠标，即可添加效果。可以在"效果控件"面板中对参数进行设置，如图4-15所示。

图 4-14

图 4-15

提示 单击"效果控件"面板中的"自定义"按钮，在弹出的对话框中可以设置"带"的数量及"填充颜色"，如图4-16所示。

图 4-16

图4-17所示为应用"翻转"效果后的画面。

图 4-17

4.3.2 内滑效果组

"内滑"效果组中的效果主要是通过画面滑动的方式实现素材A和素材B之间的切换。该效果组包括5种过渡效果，分别是中心拆分、内滑、带状内滑、拆分、推，如图4-18所示。

1. 中心拆分

"中心拆分"效果是从画面中心点开始，将素材A切分为4个部分，并分别向画面的4角处移动，直到移出画面并显示素材B。在"效果"面板中依次展开"视频过渡"|"内滑"文件夹，如图4-19所示。将"中心拆分"效果拖曳至素材上方，释放鼠标，即可添加效果。可以在"效果控件"面板中对参数进行设置，如图4-20所示。

图4-21所示为应用"中心拆分"效果后的画面。

图 4-18

图 4-19

图 4-20

图 4-23

图 4-21

图 4-24

2. 拆分

"拆分"效果可以将素材A从中间分开，然后向两边滑出并将素材B逐渐显示出来。在"效果"面板中依次展开"视频过渡"|"内滑"文件夹，如图4-22所示。将"拆分"效果拖曳至素材上方，释放鼠标，即可添加效果。可以在"效果控件"面板中对参数进行设置，如图4-23所示。

图4-24所示为应用"拆分"效果后的画面。

图 4-22

3. 推

"推"效果与"内滑"效果相似，也是使素材B由左向右进入画面，直到完全将素材A覆盖。在"效果"面板中依次展开"视频过渡"|"内滑"文件夹，如图4-25所示。将"推"效果拖曳至素材上方，释放鼠标，即可添加效果。可以在"效果控件"面板中对参数进行设置，如图4-26所示。

图4-27所示为应用"推"效果后的画面。

图 4-25

图 4-26

图 4-28

图 4-29

图 4-27

4.3.3 划像效果组

"划像"效果组中的效果可以使素材A进行伸展，并逐渐显示出素材B。该效果组包括4种过渡效果，分别是交叉划像、圆划像、盒形划像、菱形划像，如图4-28所示。

1. 圆划像

"圆划像"效果可以使素材B以圆形的方式逐渐扩大到素材A的上方，直到完全显示素材B。在"效果"面板中依次展开"视频过渡"|"划像"文件夹，如图4-29所示。将"圆划像"效果拖曳至素材上方，释放鼠标，即可添加效果。可以在"效果控件"面板中对参数进行设置，如图4-30所示。

图 4-30

图4-31所示为应用"圆划像"效果后的画面。

图 4-31

2. 盒形划像

"盒形划像"效果使素材B以矩形的方式逐渐扩大到素材A画面上，直到完全将素材A覆盖。在"效果"面板中依次展开"视频过渡"|"划像"文件夹，如图4-32所示。将"盒形划像"效果拖曳至素材上方，释放鼠标，即可添加效果。可以在"效果控件"面板中对参数进行设置，如图4-33所示。

图 4-32

图 4-33

图4-34所示为应用"盒形划像"效果后的画面。

图 4-34

3. 菱形划像

"菱形划像"效果使素材B以菱形的方式逐

渐出现在素材A上方，直到素材B完全将素材A覆盖。在"效果"面板中依次展开"视频过渡"|"划像"文件夹，如图4-35所示。将"菱形划像"效果拖曳至素材上方，释放鼠标，即可添加效果。可以在"效果控件"面板中对参数进行设置，如图4-36所示。

图 4-35

图 4-36

图4-37所示为应用"菱形划像"效果后的画面。

图 4-37

4.3.4 擦除效果组

"擦除"效果组中的效果可使A、B两个素材通过擦拭的方式进行过渡。该效果组包括划出、双侧平推门、带状擦除、径向擦除等17种效果，如图4-38所示。

1. 带状擦除

"带状擦除"效果使素材B以条状形状从画面两侧进入，并且不断向中间运动，直到素材A完全消失。在"效果"面板中依次展开"视频过渡"|"擦除"文件夹，如图4-39所示。将"带状擦除"效果拖曳至素材上方，释放鼠标，即可添加效果。可以在"效果控件"面板中对参数进行设置，如图4-40所示。

图4-41所示为应用"带状擦除"效果后的画面。

图 4-41

2. 径向擦除

"径向擦除"效果使素材A以左上角为中心点，顺时针擦除，直到完全显示素材B。在"效果"面板中依次展开"视频过渡"|"擦除"文件夹，如图4-42所示。将"径向擦除"效果拖曳至素材上方，释放鼠标，即可添加效果。可以在"效果控件"面板中对参数进行设置，如图4-43所示。

图 4-38

图 4-39

图 4-42

图 4-40

图 4-43

图4-44所示为应用"径向擦除"效果后的画面。

图 4-44

3. 时钟式擦除

"时钟式擦除"效果使素材A以中心点转动的方式进行画面旋转擦除，直到素材B完全将素材A覆盖。在"效果"面板中依次展开"视频过渡"|"擦除"文件夹，如图4-45所示。将"时钟式擦除"效果拖曳至素材上方，释放鼠标，即可添加效果。可以在"效果控件"面板中对参数进行设置，如图4-46所示。

图 4-45

图 4-46

图4-47所示为应用"时钟式擦除"效果后的画面。

图 4-47

4. 棋盘擦除

"棋盘擦除"效果使素材B以棋盘的形式进行画面擦除。在"效果"面板中依次展开"视频过渡"|"擦除"文件夹，如图4-48所示。将"棋盘擦除"效果拖曳至素材上方，释放鼠标，即可添加该效果。可以在"效果控件"面板中对参数进行设置，如图4-49所示。

图 4-48

图 4-49

图4-50所示为应用"棋盘擦除"效果后的画面。

图 4-50

图 4-53

5. 楔形擦除

"楔形擦除"效果使素材B以扇形逐渐呈现，直到将素材A完全覆盖。在"效果"面板中依次展开"视频过渡"|"擦除"文件夹，如图4-51所示。将"楔形擦除"效果拖曳至素材上方，释放鼠标，即可添加效果。可以在"效果控件"面板中对参数进行设置，如图4-52所示。

图 4-51

6. 油漆飞溅

"油漆飞溅"效果使素材A以油漆点状擦除，直到素材B完全覆盖整个画面。在"效果"面板中依次展开"视频过渡"|"擦除"文件夹，如图4-54所示。将"油漆飞溅"效果拖曳至素材上方，释放鼠标，即可添加该效果。可以在"效果控件"面板中对参数进行设置，如图4-55所示。

图 4-54

图 4-52

图 4-55

图4-53所示为应用"楔形擦除"效果后的画面。

图4-56所示为应用"油漆飞溅"效果后的画面。

图 4-56

7. 渐变擦除

"渐变擦除"效果合素材A淡化，直到慢慢地显示素材B。在"效果"面板中依次展开"视频过渡"|"擦除"文件夹，如图4-57所示。将"渐变擦除"效果拖曳至素材上方，释放鼠标，即可添加该效果。可以在"效果控件"面板中对参数进行设置，如图4-58所示。

图 4-57

图 4-58

在添加该效果时，会弹出"渐变擦除设置"对话框，在此对话框中可调整需要过渡的图像及过渡的"柔和度"，如图4-59所示。图4-60所示为应用"渐变擦除"效果后的画面。

图 4-59

图 4-60

提示 在应用"渐变擦除"效果时，可以设置过渡图片，以控制画面过渡的效果。

8. 百叶窗

"百叶窗"效果可以模拟百叶窗拉动的效果，以百叶窗的形式将素材A逐渐过渡到素材B。在"效果"面板中依次展开"视频过渡"|"擦除"文件夹，如图4-61所示。将"百叶窗"效果拖曳至素材上方，释放鼠标，即可添加该效果。可以在"效果控件"面板中对参数进行设置，如图4-62所示。

图4-63所示为应用"百叶窗"效果后的画面。

图 4-61

图 4-62

图 4-65

图 4-63

图 4-66

9. 随机擦除

"随机擦除"效果使素材B由上往下以方块的形式随机擦除，直到将素材A全部覆盖。在"效果"面板中依次展开"视频过渡"|"擦除"文件夹，如图4-64所示。将"随机擦除"效果拖曳至素材上方，释放鼠标，即可添加该效果。可以在"效果控件"面板中对参数进行设置，如图4-65所示。

图4-66所示为应用"随机擦除"效果后的画面。

10. 风车

"风车"效果可以模拟风车旋转的擦除效果，素材B以风车旋转叶的形式逐渐出现在素材A中，直到素材B完成显示。在"效果"面板中依次展开"视频过渡"|"擦除"文件夹，如图4-67所示。将"风车"效果拖曳至素材上方，释放鼠标，即可添加该效果。可以在"效果控件"面板中对参数进行设置，如图4-68所示。

图 4-64

图 4-67

图 4-68

图4-69所示为应用"风车"效果后的画面。

图 4-69

4.3.5 沉浸式效果组

"沉浸式视频"效果组可将两个素材以沉浸的方式进行过渡。该效果组包括VR光圈擦除、VR光线、VR渐变擦除、VR漏光等8种过渡效果，如图4-70所示。

提示 "沉浸式视频"效果组的转场方式都需要CPU的加速。

1. VR光圈擦除

"VR光圈擦除"效果可以模拟相机拍摄时的光圈擦除效果。在"效果"面板中依次展开"视频过渡"|"沉浸式视频"文件夹，如图4-71所示。将"VR光圈擦除"效果拖曳至素材上方，释放鼠标，即可添加该效果。可以在"效果控件"

面板中对参数进行设置，如图4-72所示。

图 4-70

图 4-71

图 4-72

图4-73所示为应用"VR光圈擦除"效果后的画面。

图 4-73

2. VR光线

"VR光线"效果可以利用光线进行VR沉浸式转场。在"效果"面板中依次展开"视频过渡"|"沉浸式视频"文件夹，如图4-74所示。将"VR光线"效果拖曳至素材上方，释放鼠标，即可添加该效果。可以在"效果控件"面板中对参数进行设置，如图4-75所示。

图 4-74

图 4-75

图4-76所示为应用"VR光线"效果后的画面。

图 4-76

3. VR渐变擦除

"VR渐变擦除"效果用于VR沉浸式画面渐变擦除效果。在"效果"面板中依次展开"视频过渡"|"沉浸式视频"文件夹，如图4-77所示。将"VR渐变擦除"效果拖曳至素材上方，释放鼠标，即可添加效果。可以在"效果控件"面板中对参数进行设置，如图4-78所示。

图 4-77

图 4-78

图4-79所示为应用"VR渐变擦除"效果后的画面。

图 4-79

4. VR球形模糊

"VR球形模糊"效果可以模拟模糊球形的VR沉浸式过渡。在"效果"面板中依次展开"视频过渡"|"沉浸式视频"文件夹，如图4-80所示。将"VR球形模糊"效果拖曳至素材上方，释放鼠标，即可添加效果。可以在"效果控件"面板中对参数进行设置，如图4-81所示。

图 4-80

图 4-81

图4-82所示为应用"VR球形模糊"效果后的画面。

图 4-82

5. VR随机块

"VR随机块"效果用于设置VR沉浸式画面状态。在"效果"面板中依次展开"视频过渡"|"沉浸式视频"文件夹，如图4-83所示。将"VR随机块"效果拖曳至素材上方，释放鼠标，即可添加效果。可以在"效果控件"面板中对参数进行设置，如图4-84所示。

图 4-83

图 4-84

图4-85所示为应用"VR随机块"效果后的画面。

图 4-85

4.3.6 溶解效果组

"溶解"视频效果组中的过渡效果可使素材A逐渐过渡到素材B。这组过渡效果比较自然柔和。该效果组包括MorphCut、交叉溶解、叠加溶解等7种过渡效果，如图4-86所示。

1. MorphCut

MorphCut效果可以修复跳帧之类的现象。在"效果"面板中依次展开"视频过渡"|"溶解"文件夹，如图4-87所示。将MorphCut效果拖曳至素材上方，释放鼠标，即可添加效果。可以在"效果控件"面板中对参数进行设置，如图4-88所示。

图 4-89

2. 交叉溶解

"交叉溶解"效果使素材A和素材B交叉叠加，素材A慢慢消失，直到素材B完全显示。在"效果"面板中依次展开"视频过渡"|"溶解"文件夹，如图4-90所示。将"交叉溶解"效果拖曳至素材上方，释放鼠标，即可添加效果。可以在"效果控件"面板中对参数进行设置，如图4-91所示。

图 4-86

图 4-87

图 4-90

图 4-88

图4-89所示为应用MorphCut效果后的画面。

图 4-91

图4-92所示为应用"交叉溶解"效果后的画面。

图 4-92

图 4-95

3. 白场过渡

"白场过渡"效果使素材A逐渐变为白色，再由白色逐渐过渡到素材B中。在"效果"面板中依次展开"视频过渡"|"溶解"文件夹，如图4-93所示。将"白场过渡"效果拖曳至素材上方，释放鼠标，即可添加效果。可以在"效果控件"面板中对参数进行设置，如图4-94所示。

图 4-93

4. 胶片溶解

"胶片溶解"效果使素材A的透明度慢慢降低，直到将素材B完全显示出来。在"效果"面板中依次展开"视频过渡"|"溶解"文件夹，如图4-96所示。将"胶片溶解"效果拖曳至素材上方，释放鼠标，即可添加效果。可以在"效果控件"面板中对参数进行设置，如图4-97所示。

图 4-96

图 4-94

图4-95所示为应用"白场过渡"效果后的画面。

图 4-97

图4-98所示为应用"胶片溶解"效果后的画面。

图　4-98

图　4-101

5. 黑场过渡

"黑场过渡"效果和"白场过渡"效果相似，只是颜色不同。"黑场过渡"效果可将素材A逐渐变为黑色，再由黑色逐渐过渡到素材B中。在"效果"面板中依次展开"视频过渡"|"溶解"文件夹，如图4-99所示。将"黑场过渡"效果拖曳至素材上方，释放鼠标，即可添加效果。可以在"效果控件"面板中对参数进行设置，如图4-100所示。

图　4-99

图　4-100

图4-101所示为应用"黑场过渡"效果后的画面。

4.3.7　缩放效果组

"缩放"效果组可将素材A和素材B以缩放的形式进行过渡。该效果组只有一个效果，即交叉缩放，如图4-102所示。

"交叉缩放"效果使素材A不断放大，直至移出画面，将素材B由大到小缩放进入画面。在"效果"面板中依次展开"视频过渡"|"缩放"文件夹，如图4-103所示。将"交叉缩放"效果拖曳至素材上方，释放鼠标，即可添加效果。可以在"效果控件"面板中对参数进行设置，如图4-104所示。

图　4-102　　　　　图　4-103

图4-105所示为应用"交叉缩放"效果后的画面。

图 4-104

图 4-106

图 4-107

图 4-105

图 4-108

4.3.8 页面剥落效果组

"页面剥落"效果组通常用于表现空间及时间的画面场景。该效果组包括两个过渡效果，分别是翻页和页面剥落，如图4-106所示。

1. 翻页

"翻页"效果使素材A以翻书的形式进行过渡，卷起时背面为透明状态，直到素材B完全显示出来。在"效果"面板中依次展开"视频过渡"|"页面剥落"文件夹，如图4-107所示。将"翻页"效果拖曳至素材上方，释放鼠标，即可添加效果。可以在"效果控件"面板中对参数进行设置，如图4-108所示。

图4-109所示为应用"翻页"效果后的画面。

图 4-109

2. 页面剥落

"页面剥落"效果和"翻页"效果类似，不同的是"页面剥落"效果卷起时背面为不透明状态，直到素材B完全显示出来。在"效果"面板中依次展开"视频过渡"|"页面剥落"文件夹，如

图4-110所示。将"页面剥落"效果拖曳至素材上方，释放鼠标，即可添加效果。可以在"效果控件"面板中对参数进行设置，如图4-111所示。

图4-112所示为应用"页面剥落"效果后的画面。

图 4-110

图 4-111

图 4-112

4.4 应用案例：青春纪念册

转场是电子相册的重要组成部分，下面利用Premiere Pro 2020自带的转场效果制作一款毕业照电子相册。

01 启动Premiere Pro 2020，新建项目，新建序列。

02 执行"文件"|"导入"命令，弹出"导入"对话框，选择要导入的素材，单击"打开"按钮，如图4-113所示。

图 4-113

03 在"项目"面板中依次选择1.jpg、2.jpg、3.jpg素材中，按住鼠标左键，将素材拖曳至"时间轴"面板中，如图4-114所示。

图 4-114

04 在"时间轴"面板中选择1.jpg素材，右击，在弹出的快捷菜单中执行"缩放为帧大小"命令，如图4-115所示。

图 4-115

▶**05** 在"效果"面板中依次展开"视频过渡"|"溶解"文件夹，将"白场过渡"效果拖曳至1.jpg素材的前端，如图4-116所示，释放鼠标，并在"效果控件"面板中调整"持续时间"。

图 4-116

▶**06** 在"效果"面板中搜索"棋盘擦除"效果，然后按住鼠标将其拖曳至1.jpg和2.jpg素材中间，释放鼠标，如图4-117所示。

图 4-117

▶**07** 在"效果"面板中搜索"风车"效果，然后按住鼠标将其拖曳至2.jpg和3.jpg素材中间，释放鼠标，如图4-118所示。

图 4-118

▶**08** 在"效果"面板中搜索"黑场过渡"效果，然后按住鼠标将其拖曳至3jpg素材结尾处，如图4-119所示。

图 4-119

▶09 完成上述操作后，对应的画面效果如图4-120
所示。

▶10 执行"文件"|"新建"|"旧版标题"命令，
在弹出的"新建字幕"对话框中单击"确定"按
钮，如图4-121所示。

▶11 进入"字幕"编辑器面板，输入文字"我们
毕业了"，如图4-122所示。

▶12 为了将文字与画面拉开层次，强化文字视
觉感，可以双击文字素材，进入"字幕"编辑器
面板，在旧版标题属性栏中勾选"阴影"复选
框，设置"颜色"为黑色，设置"不透明度"为
40%，如图4-123所示。

图　4-120

图　4-121

图　4-122

图 4-123

▶13 在"时间轴"面板中，按住Alt键将"字幕1"素材复制一层，并命名为"字幕2"。双击"字幕2"素材进入"字幕"编辑器面板，输入新的文字内容"时光不老"，如图4-124所示。

图 4-124

▶14 再次复制一层字幕素材，命名为"字幕3"。双击"字幕3"素材进入"字幕"编辑器面板，输入文字内容"我们不散"，如图4-125所示。

▶15 关闭"字幕"编辑器面板，调整字幕的位置，并将3个字幕素材调整到合适的时间长度，如图4-126所示。

▶16 在"效果"面板中依次展开"视频过渡"|"溶解"文件夹，将"交叉溶解"效果拖曳

至3段字幕素材中间，并在"效果控件"面板中调整效果的"持续时间"，如图4-127所示。

▶17 在"项目"面板中将"青春纪念册背景音乐.wav"素材拖曳至"时间轴"面板中，并将长度调整为和视频画面一样长，如图4-128所示。

图 4-125

图 4-126

图 4-127

图 4-128

▶18 在"效果"面板中依次展开"音频过渡"|"交叉淡化"文件夹,将"恒定增益"效果拖曳至音频素材结束处,如图4-129所示。

图 4-129

▶19 按Enter键渲染项目,渲染完成后可预览视频效果,如图4-130所示。

图 4-130

4.5 应用案例:小清新旅行相册

旅行过程中拍摄的照片可以制作成电子相册。下面介绍制作小清新旅行相册的具体操作方法。

▶01 启动Premiere Pro 2020,新建项目,新建序列。

▶02 执行"文件"|"导入"命令,弹出"导入"对话框,选择需要导入的素材,单击"打开"按钮,如图4-131所示。

图 4-131

▶**03** 在"项目"面板中选择"背景.jpg"素材，按住鼠标左键，将其拖曳至"节目"监视器面板中，如图4-132所示。

图 4-132

▶**04** 将事先准备好的"云朵.png"素材拖曳至"时间轴"面板中，并在"效果控件"面板中为素材添加"位置""缩放"和"不透明度"的关键帧，让云朵渐渐出来且会飘上去，如图4-133所示。

图 4-133

▶**05** 执行"文件"|"新建"|"旧版标题"命令，在弹出的"新建字幕"对话框中单击"确定"按钮，进入"字幕"编辑器面板，输入文字"清新旅行相册"，如图4-134所示。

▶**06** 在"项目"面板中选择"花边.png"素材，按住鼠标左键，将其拖曳至"节目"监视器面板中，并调整其位置，如图4-135所示。

图 4-134

图 4-135

▶**07** 选中"字幕01"和两个"花边.png"素材，右击，在弹出的快捷菜单中执行"嵌套"命令，如图4-136所示。

图 4-136

▶08 在"项目"面板中选择"铁塔.png"素材，按住鼠标左键，将其拖曳至"节目"监视器面板中，并在"效果控件"面板中添加关键帧，如图4-137所示。

▶09 选择"箱子.png"和"招牌.png"素材，按住鼠标左键，将其拖曳至"节目"监视器面板中，并在"效果控件"面板中添加关键帧，如图4-138所示。

图 4-137

图 4-138

▶10 执行"文件"|"新建"|"旧版标题"命令，在弹出的"新建字幕"对话框中单击"确定"按钮，在"字幕"编辑器面板中输入文字内容，如图4-139所示。

▶11 在"项目"面板中选择"小车.png"素材，按住鼠标左键，将其拖曳至"节目"监视器面板中，如图4-140所示。

图 4-139   图 4-140

▶12 同时选择"字幕01复制01"和"小车.png"素材，右击，在弹出的快捷菜单中执行"嵌套"命令，如图4-141所示。在"效果控件"面板中添加关键帧，如图4-142所示。

▶13 将除了背景素材之外的所有素材选中，右击，在弹出的快捷菜单中执行"嵌套"命令，如图4-143所示。

图 4-141

图 4-142

图 4-143

▶14 将时间线移动到（00:00:06:05）位置，在"项目"面板中将"铁塔""箱子""云"等素材拖曳至"节目"监视器面板中，作为背景，如图4-144所示。

▶15 将"铁塔.png""飞机.png""云.png"和"箱子.png"4个素材选中，右击，在弹出的快捷菜单中执行"嵌套"命令，如图4-145所示。

图 4-144

图 4-145

▶16 在"项目"面板中，将"厦门.mp4""水彩遮罩.mp4""摄像机.mov"素材依次拖曳至"时间轴"面板中，如图4-146所示。

图 4-146

▶17 选中"厦门.mp4"，在"效果"面板中依次

展开"视频效果"|"键控"文件夹,将"轨道遮罩键"效果拖曳至"厦门.mp4"素材上方,释放鼠标,并在"效果控件"面板中将"遮罩"修改为"视频3","合成方式"修改为"亮度遮罩",如图4-147所示。

▶18 执行"文件"|"新建"|"旧版标题"命令,在弹出的"新建字幕"对话框中单击"确定"按钮,在"字幕"编辑器面板中输入文字内容,关闭面板,将素材拖曳至"时间轴"面板中。接着,在"效果"面板中依次展开"视频过渡"|"擦除"文件夹,将"划出"效果拖曳至"字幕01复制02"素材前端,如图4-148所示。

图 4-147

图 4-148

▶19 在"项目"面板中选择"地标.png"素材,将其拖曳至"节目"监视器面板中,同样为其添加"划出"效果,如图4-149所示。

图 4-149

▶20 将所有素材选中,右击,在弹出的快捷菜单中执行"嵌套"命令,如图4-150所示。

▶21 后续操作方法相同,需要插入多少张照片就复制多少个嵌套,然后双击进入嵌套,更改图片即可,如图4-151所示。

图 4-150

图 4-151

▶22 在"项目"面板中选择"泡泡.mov"素材,将其拖曳至"时间轴"面板中,如图4-152所示。

图 4-152

▶23 在每段嵌套素材的中间增加"烟雾转场.mov"素材，并设置每段烟雾素材的时间为1.5秒，如图4-153所示。

图 4-153

▶24 将背景音乐拖曳至"时间轴"面板中，并对应每段"烟雾转场.mov"素材的时间点添加"气泡.mp3"素材，同时在每个地标出现的时间点添加一个音效，如图4-154所示。

图 4-154

▶25 将时间线移动到（00:00:47:01）位置，执行"文件"|"新建"|"旧版标题"命令，在弹出的"新建字幕"对话框中单击"确定"按钮，在"字幕"编辑器面板中输入文字，如图4-155所示。

▶26 将"项目"面板中的"城市.png"素材放置到视频结尾处，效果如图4-156所示。

▶27 按Enter键渲染项目，渲染完成后可预览视频效果，如图4-157所示。

图 4-155

图 4-156

图 4-157

4.6 拓展练习：胶片播放相册

胶片播放相册可用在回忆场景中或怀旧电影的结尾处。制作胶片播放相册主要使用的是"字幕"编辑器面板。选择矩形工具，在画面上绘制多个"矩形",如图4-158所示。将"矩形"进行排列。排列的时候,如果发现位置不够,可以单击"滚动"按钮,通过调整进度条进行排列,如图4-159所示。

图 4-161

给所有"矩形"添加画面后,为素材添加运动动画,如图4-162所示,渲染完成后预览效果,如图4-163所示。

图 4-158

图 4-162

图 4-159

选择矩形,在旧版标题属性栏中找到"纹理"属性,如图4-160所示,选择纹理照片,单击"打开"按钮,如图4-161所示,即可为方框添加照片。

图 4-163

图 4-160

第5章 节目包装——字幕的创建与编辑

5.1 节目包装概述

节目包装指的是对节目的整体形象进行特色化、个性化的包装宣传，其主要目的是为了突出节目的特色，增强节目的辨识度，并为观众带来良好的视觉体验。

5.1.1 字体设计

在节目包装中，字体的风格应该与节目的总体风格保持一致。一般来说，字体设计是体现节目特色的重要方式，也是强化节目风格的符号，如图5-1所示。

图 5-1

5.1.2 文字排版

文字排版是节目包装中非常重要的环节，除了提供信息之外，还能使画面更美观，让作品风格更明显，并且更好地突出主体，如图5-2所示。

图 5-2

5.1.3 色彩设计

色彩是节目包装的重要元素之一，合理的色彩搭配能使节目更具吸引力。在进行色彩设计时，应该把握两个重要的基本原则：一是色彩应该与节目的内容协调一致，二是色彩本身的协调性，如图5-3所示。

图 5-3

5.1.4 图形设计

在节目包装中，除了使用文字之外，还需要将图形与文字进行组合搭配。图形和文字结合的信息更容易被解读，也更能吸引观众的注意力，更利于信息传递，如图5-4所示。

图 5-4

5.1.5 质感营造

在节目包装中，为字体营造合适的质感可以使节目更大气，如图5-5所示。考虑到观众的年龄、性别、文化等差异，字体的质感应该多样化。

图 5-5

5.2 创建字幕素材

字幕是视频的常用元素之一，既可以快速地传递信息，又有美化视频的作用。下面介绍在Premiere Pro 2020中创建字幕素材的方法。

5.2.1 新建字幕

在Premiere Pro 2020中，新建字幕的方式有以下3种。

1. 使用"工具"面板新建字幕

在"工具"面板中选择文字工具，并在"节目"监视器面板中输入要添加的文字内容，即可新建字幕，之后可以通过"效果控件"面板进行字幕调整，如图5-6所示。

图 5-6

2. 使用"文件"菜单新建字幕

执行"文件"|"新建"|"字幕"命令，然后在"字幕"编辑器面板中添加字幕并对其参数进行设置，如图5-7所示，即可新建字幕。

图 5-7

3. 新建旧版标题

执行"文件"|"新建"|"旧版标题"命令，在弹出的"新建字幕"对话框中单击"确定"按钮，然后在"字幕"编辑器面板中添加字幕并对其参数进行设置，如图5-8所示，即可新建字幕。

图 5-8

新建字幕时，可以设置字幕的宽、高、纵横比等参数，一般情况下使用默认设置即可。

5.2.2 添加字幕

创建字幕素材后，在"项目"面板中将会出现字幕素材，如图5-9所示。将该素材拖曳至"时间轴"面板中，并放置到视频素材的上方，如图5-10所示，即可完成字幕的添加。

图 5-9

图 5-10

5.3 字幕编辑基础

在Premiere Pro 2020中，除了可以创建基本的横版及竖版文字外，还可以设计许多文字版式，制作精彩的文字效果。在学习字幕编辑之前，先了解字幕编辑的基础知识。

5.3.1 认识"字幕"编辑器面板

在创建字幕时，要用到"字幕"编辑器面板，如图5-11所示为"字幕"编辑器面板。面板上方为字幕栏，用于更改字体、字体大小及对齐方式等；左侧为工具箱和动作栏，在工具箱中可以根据需求选择文字工具、编辑工具等，在动作栏中可以设置文字的对齐方式等；右侧为旧版标题属性栏，用于更改字体的位置、大小、不透明度等属性；下方为旧版标题样式栏，用于更改字体的样式。

图 5-11

在"字幕"编辑器面板中创建图形时，按住Shift键，可以保持图形的长宽比；按住Alt键，可以从图形的中心位置开始绘制。此外，在使用钢笔工具创建图形时，路径上的控制点越多，图形的形状越精细，但过多的控制点不利于修改，在不影响效果的情况下，应尽量减少控制点的数量。

5.3.2 字幕样式

在默认情况下，添加的字幕不包含任何字体样式。如果需要添加样式，可以在旧版标题样式中选择，如图5-12所示，单击任意样式即可为字幕快速添加该效果。

5.3.3 字幕效果修饰

字幕的修饰效果主要通过"字幕"编辑器面板制作，在"字幕"编辑器面板中可以对字幕进行加工。

进入"字幕"编辑器面板，在画面中输入文字，并设置字体为"字魏27号-布丁体"，设置填充类型为"四色渐变"，然后设置相应颜色，如图5-13所示。勾选旧版标题属性栏中的"阴影"复选框，单击"颜色"右侧的色块，选择"白色"，并设置"不透明度"为100%，设置"角度"为0，设置"距离"为0，设置"大小"为20，如图5-14所示。

使用选择工具 ▶ 调整文字的大小及位置，如图5-15所示。渲染完成后可预览视频效果，如图5-16所示。

图 5-12

图 5-13

图 5-14

图 5-15

图 5-16

在输入文字时，如果部分文字不能正常显示，是因为当前的字体不支持该文字的显示，这时只需替换为合适的字体，即可正常显示文字内容。

5.4 字幕动画

在许多综艺、MV或电影中，经常会出现不同类型、不同样式的字幕。电视节目中的字幕，除了一般的静态字幕外，还有动画字幕。相较于静态字幕，动画字幕显得更加活泼和生动。下面介绍字幕动画的创建及应用方法。

5.4.1 认识"滚动/游动选项"对话框

在Premiere Pro 2020中，如果要为字幕添加动画效果，可以在"字幕"编辑器面板中单击字幕栏中的"滚动/游动选项"按钮，如图5-17所示，打开"滚动/游动选项"对话框，如图5-18所示。

● 静止图像：文字没有动画效果，呈静止状态。
● 滚动：文字从下往上滚动。
● 向左游动：文字从左往右滚动。
● 向右游动：文字从右往左滚动。
● 开始于屏幕外：从屏幕外开始，滚动至屏幕内。
● 结束于屏幕外：使指定对象一直滚动到屏幕外。

● 预卷：在滚动开始之前播放的帧数。
● 缓入：文字滚动速度缓慢增加，直到播放速度期间所经过的帧数。
● 缓出：文字滚动速度缓慢减小，直到滚动完成期间所经过的帧数。
● 过卷：在滚动完成之后播放的帧数。

图 5-17

图 5-18

5.4.2 设置动画的基本原理

在Premiere Pro 2020中，可以通过调整文字的位置、缩放和旋转角度等为文字设置动画，文字动画的实现都是基于关键帧的。所谓关键帧，就是对不同时间点的同一对象的同种属性设置不同的属性参数，而时间点之间的变化由软件完成。

5.5 应用案例：科技节目包装

科技类节目的包装，主要使用轨道遮罩功能，同时会用粒子素材制作文字消散效果，使整个画面炫酷。

▶01 启动Premiere Pro 2020，新建项目，新建序列。

▶02 执行"文件"|"导入"命令，弹出"导入"对话框，选择要导入的素材，单击"打开"按钮，如图5-19所示。

图 5-19

▶03 在"项目"面板中选择1.mp4和2.mp4素材，按住鼠标左键，将其拖曳至"时间轴"面板中并释放鼠标，如图5-20所示。

▶04 在"时间轴"面板中选择2.mp4素材，进入"效果控件"面板，展开"不透明度"选项，将"混合模式"改为"滤色"，如图5-21所示。

▶05 执行"文件"|"新建"|"旧版标题"命令，在弹出的对话框中单击"确定"按钮，进入"字幕"编辑器面板，输入文字内容，如图5-22所示。

▶06 关闭"字幕"编辑器面板，将"项目"面板中创建的"字幕01"素材拖曳至"时间轴"面板中，并放置在V3轨道中，调整素材至合适长度，如图5-23所示。

图 5-20

图 5-21

图 5-22

图 5-23

▶07 将"黑白渐变素材.mov"素材从"项目"面板中拖曳至"时间轴"面板中,并放置到"字幕01"素材的上方,然后调整其长度,使其与"字幕01"素材的长度保持一致,如图5-24所示。

图 5-24

▶08 选中"字幕01"素材,在"效果"面板中依次展开"视频效果"|"键控"文件夹,将"轨道遮罩键"效果拖曳至"字幕01"素材上方,如图5-25所示。

图 5-25

▶09 进入"效果控件"面板,将"遮罩"属性更改为"视频4","合成方式"更改为"亮度遮罩",勾选"反向"复选框,如图5-26所示。

▶10 将"文字消散粒子.mov"素材拖曳至"时间轴"面板中的V5轨道,如图5-27所示。接着,进入"效果控件"面板,将"混合模式"更改为"滤色",如图5-28所示。

▶11 在"时间轴"面板中选择"文字消散粒子.mov"素材,按住Alt键将素材复制两次,同时选中3个"文字消散粒子.mov"素材,右击,在弹出的快捷菜单中执行"嵌套"命令,如图5-29所示。

图 5-26

图 5-27

图 5-28

图 5-29

▶12 选择"嵌套序列01"素材，进入"效果控件"面板，为"不透明度"属性添加关键帧，将时间线移动到（00:00:07:08）位置添加第一个关键帧，数值设置为100，接着将时间线移动到（00:00:08:11）位置，添加第二个关键帧，数值设置为0，如图5-30所示。

▶13 在"效果"面板中依次展开"视频过渡"|"内滑"文件夹，将"拆分"效果拖曳至"字幕01"素材前端，如图5-31所示。

图 5-30

图 5-31

▶14 在"效果"面板中依次展开"视频过渡"|"溶解"文件夹，将"黑场过渡"效果拖曳至01.mp4、02.mp4、"字幕01"素材结尾处，如图5-32所示。

图 5-32

▶15 按Enter键渲染项目，渲染完成后可预览视频效果，如图5-33所示。

图 5-33

5.6 应用案例：综艺节目包装

本案例介绍综艺节目的包装方法，主要利用图形动画元素配合采访视频素材，实现风格与色调的统一。

1. 背景制作

背景部分采用MG动画视频，结合帧定格动画

制作完成，具体操作如下。

▶01 启动Premiere Pro 2020，新建项目，新建序列。

▶02 执行"文件"|"导入"命令，弹出"导入"对话框，选择要导入的素材，单击"打开"按钮，如图5-34所示。

图 5-34

▶03 在"项目"面板中选择"背景.mp4"素材，将其拖曳至"时间轴"面板中，如图5-35所示。

图 5-35

▶04 将时间线移动到最后一帧，右击，在弹出的快捷菜单中执行"添加帧定格"命令，如图5-36所示。完成操作后，素材后方将添加帧定格图像，按住鼠标左键，将其拖曳至（00:00:10:09）位置，如图5-37所示。

▶05 背景制作完毕，最后定格的画面如图5-38所示。

图 5-36

图 5-37

图 5-38

2. 添加视频

背景制作完成后，即可添加主体视频，并为其添加动画效果，具体操作如下。

▶01 在"项目"面板中将01.mp4素材拖曳至"时间轴"面板中，如图5-39所示。此时"节目"监视器面板中对应的画面效果如图5-40所示。

图 5-39

图 5-40

▶02 选择01.mp4素材，进入"效果控件"面板，将时间线移动到（00:00:00:09）位置，为"缩放"和"旋转"属性添加关键帧，如图5-41所示。

▶03 将时间线移动到（00:00:01:11）位置，继续为"缩放"和"旋转"属性添加关键帧，如图5-42所示。

▶04 此时"节目"监视器面板中对应的画面效果如图5-43所示。

图 5-41

图 5-42

图 5-43

3. 添加图形

图形的添加会使画面内容更丰富。下面介绍添加图形的具体操作。

▶01 执行"图形"|"新建图层"|"椭圆"命令，在"节目"监视器面板中绘制一个椭圆，如图5-44所示。

图 5-44

提示 　添加椭圆图形的快捷键为Ctrl+Alt+E。

▶02 在"时间轴"面板中选择V3轨道上的素材，进入"效果控件"面板，展开"外观"属性，更改"填充"和"描边"颜色，并设置描边尺寸，如图5-45所示。此时"节目"监视器面板中对应的画面效果如图5-46所示。

图 5-45

图 5-46

▶03 将时间线移动到（00:00:01:02）位置，调整"缩放"为0，并添加关键帧，如图5-47所示。

图 5-47

▶04 移动时间线至（00:00:01:17）位置，更改"缩放"为140，并添加关键帧，如图5-48所示。

图 5-48

▶05 在"效果控件"面板中选择"形状"属性，按快捷键Ctrl+C进行复制，然后按快捷键Ctrl+V进行粘贴，即可得到一个属性相同的新图形，如图5-49所示。其他参数不更改，只调整复制得到的图形对象的位置，此时"节目"监视器面板中对应的画面效果如图5-50所示。

图 5-49

图 5-50

4. 添加图片

将图片素材添加到剪辑项目中，可以再为其添加动画效果，具体操作如下。

▶01 在"项目"面板中将02.png素材拖曳至"时间轴"面板中，如图5-51所示。此时"节目"监视器面板中对应的画面效果如图5-52所示。

▶02 调整图形位置，在"时间轴"面板中选择02.png素材，进入"效果控件"面板，选择"不透明度"属性，然后使用钢笔工具 绘制蒙版，如图5-53和图5-54所示。

图 5-51

图 5-52

图 5-53

图　5-54

▶03 在"效果控件"面板中将"时间线"移动到（00:00:01:01）位置，为"缩放"和"旋转"属性添加关键帧，如图5-55所示。

图　5-55

▶04 将时间线移动到（00:00:02:00）位置，为

"缩放"和"旋转"属性添加关键帧，如图5-56所示。

图　5-56

▶05 在"效果"面板中依次展开"视频效果"|"颜色校正"文件夹，将"色彩"效果拖曳至02.png素材中，如图5-57所示。

▶06 进入"效果控件"面板，更改映射颜色，如图5-58所示。此时"节目"监视器面板中对应的画面效果如图5-59所示。

▶07 进入"时间轴"面板，选择02.png素材，按住Alt键向上复制一层，如图5-60所示。

▶08 选择复制得到的02.png素材，在"效果控件"面板中更改"位置"属性，如图5-61所示。

▶09 完成上述操作后，在"节目"监视器面板中对应的画面效果如图5-62所示。

图　5-57

图　5-58

图　5-59

图 5-60

图 5-61

图 5-62

5. 添加字体

添加字体可以丰富画面，下面介绍添加字体的具体操作。

▶01 执行"图形"|"新建图层"|"矩形"命令，在"节目"监视器面板中绘制一个矩形，如图5-63所示。

图 5-63

 提示 添加矩形的快捷键为Ctrl+Alt+R。

▶02 选择绘制的矩形，进入"效果控件"面板，更改填充颜色和描边尺寸，并将矩形移动到合适的位置，如图5-64所示，此时"节目"监视器面板中对应的画面效果如图5-65所示。

图 5-64 图 5-65

▶03 执行"图形"|"新建图层"|"文本"命令，在矩形上方输入文字，如图5-66所示。

图 5-66

▶04 进入"效果控件"面板，将时间线移动到（00:00:01:05）位置，为"缩放"和"旋转"属性添加关键帧，如图5-67所示。

▶05 移动时间线到（00:00:01:16）位置，为"缩放"和"旋转"属性添加关键帧，如图5-68所示。

图 5-67 图 5-68

▶06 让图形动画产生回弹效果。在"效果控件"面板中，将时间线移动到（00:00:02:00）位置，继续为"缩放"属性添加关键帧，并将数值设置为83，如图5-69所示。将时间线移动到（00:00:02:06）位置，将"缩放"设置为100，如图5-70所示。

图 5-69　　　　　　　　　　　图 5-70

6. 背景音乐

下面为影片添加合适的背景音乐,强化影片氛围,具体操作如下。

▶01 在"项目"面板中将"背景音乐.mp3"素材拖曳至"时间轴"面板中,并调整为合适长度,如图5-71所示。

图 5-71

▶02 在"效果"面板中依次展开"视频过渡"|"溶解"文件夹,将"黑场过渡"效果拖曳至视频及图像素材的尾部,如图5-72所示。

图 5-72

▶03 在"效果"面板中依次展开"音频过渡"|"交叉淡化"文件夹,将"恒定增益"效果拖曳至"背景音乐.mp3"素材的尾部,如图5-73所示。

图 5-73

>04 按Enter键渲染项目，渲染完成后可预览视频效果，如图5-74所示。

图 5-74

5.7 拓展练习：音乐节目字幕包装

在一些音乐类节目中，卡拉OK式歌词字幕出现的频率较高。卡拉OK式歌词字幕指的是在歌词上方添加一层颜色蒙版，并根据歌词节奏逐个呈现。

打开文件夹，将素材导入，如图5-75所示。在"字幕"编辑器面板中输入文字，如图5-76所示。

图 5-75

图 5-76

复制一次文字素材，更改颜色，如图5-77所示。在"效果控件"面板中为文字添加蒙版，并为"蒙版路径"添加关键帧，如图5-78所示。

图 5-77

图 5-78

渲染后的效果图如图5-79所示。

图 5-79

第6章 趣味动画——运动效果与关键帧的应用

6.1 动画概述

视频中的动画不同于一般意义上的动画片，它是一种综合艺术，是集绘画、电影、数字媒体、摄影、音乐、文学于一体的艺术表现形式。

6.1.1 动画风格

在制作动画之前，首先需要确立动画的风格。动画有不同的分类标准，按照工艺技术可以分为平面手绘动画、立体拍摄动画、虚拟生成动画、真人结合动画等；按照传播媒介可以分为影院动画、电视动画、广告动画、科教动画等；按照动画性质可以分为商业动画和实验动画等，如图6-1所示。

图 6-1

6.1.2 表现手法

动画的表现手法多种多样。随着时代的进步和科技的发展，动画由无声变为有声，由黑白变为彩色，如图6-2所示。

图 6-2

6.2 运动效果的应用

为对象添加运动效果之前，需要先了解运动效果的基本概念，进而更好地运用效果。

6.2.1 运动效果的概念

运动效果是指随着时间的变化，对象的位置、大小、旋转角度等属性不断地改变。

6.2.2 添加运动效果

在Premiere Pro 2020中，可以为轨道中的素材创建位置、缩放、旋转等基本运动效果。选中"时间轴"面板中的素材后，展开"效果控件"面板中的"运动"选项，可以看到该素材的基本运动参数，如图6-3所示。

图　6-3

6.3　关键帧的创建与编辑

通过关键帧，可以在不同时刻为素材设置不同的运动属性，使视频播放时产生基本的动画变换效果。

6.3.1　创建关键帧

在Premiere Pro 2020中，创建关键帧的方法主要有以下3种。

1. 单击"切换动画"按钮创建关键帧

在"效果面板"中，每个运动属性都有"切换动画"按钮，单击该按钮，即可为相应属性创建关键帧，按钮也会从灰色变为蓝色。若再次单击该按钮，则会自动关闭该属性的关键帧，按钮变为灰色。需要注意的是，要为同一个属性至少添加两个关键帧，画面才能产生动画效果。

▶01 启动Premiere Pro 2020，将素材拖曳至"时间轴"面板中，如图6-4所示。

▶02 在"时间轴"面板中选择素材，然后选择"效果控件"中需要调整的属性，将时间线滑动到合适的位置，这里以"旋转"属性为例，单击"旋转"属性的"切换动画"按钮，即可创建第一个关键帧，如图6-5所示。

▶03 完成第一个关键帧的创建后，移动时间线到下一个时间点，单击"添加/删除关键帧"按钮，创建第二个关键帧，并调整"缩放"关键帧的参数，如图6-6所示。完成操作后，可在"节目"监视器面板中查看动画效果，如图6-7所示。

图　6-4

图 6-5

图 6-8

图 6-6

图 6-9

图 6-7

2. 单击"添加/删除关键帧"按钮创建关键帧

此方法需要先单击属性的"切换动画"按钮⏱，创建第一个关键帧，将关键帧属性激活，如图6-8所示。此时，在属性右侧会显示"添加/删除关键帧"按钮。将时间线滑动到第二个需要添加关键帧的时间点，单击"添加/移除关键帧"按钮，并根据需要更改参数，如图6-9所示，即可完成关键帧的添加。

3. 在"节目"监视器面板中创建关键帧

此方法也需要先单击属性的"切换动画"按钮⏱，将关键帧属性激活，然后创建第一个关键帧，如图6-10所示。将时间线移动，在"节目"监视器面板中选中素材，此时在素材周围将出现控制点，如图6-11所示。

图 6-10

图 6-11

将光标放置到控制点旁，对素材进行旋转操作，如图6-12所示。完成旋转操作后，在"效果控件"面板中将自动创建一个关键帧，如图6-13所示。

图 6-12

图 6-13

6.3.2 删除关键帧

在Premiere Pro 2020中，删除关键帧的方式主要有以下3种。

1. 使用快捷键删除关键帧

在"效果控件"面板中选择需要删除的关键帧，按Delete键，即可将选中的关键帧删除，如图6-14和图6-15所示。

图 6-14

图 6-15

2. 单击"添加/移除关键帧"按钮删除关键帧

在"效果控件"面板中将时间线滑动到需要删除的关键帧位置，然后单击"添加/移除关键帧"按钮 ◎，即可删除关键帧，如图6-16和图6-17所示。

图 6-16

图 6-17

3. 使用快捷菜单删除关键帧

在"效果控件"面板中选中并右击需要删除的关键帧，在弹出的快捷菜单中执行"清除"命令，即可删除关键帧，如图6-18和图6-19所示。

图 6-18

图 6-19

6.3.3 选择关键帧

在"效果控件"面板中，单击任意一个关键帧，即可选中此关键帧。如果需要同时选择多个关键帧，拖动鼠标，将需要选择的关键帧框选即可。如果需要选择两个不相邻的关键帧，可以按住Ctrl键或Shift键，再依次单击关键帧。图6-20所示为3种选择关键帧的方法。

图 6-20

6.3.4 移动关键帧

下面介绍移动单个关键帧或多个关键帧的方法。

1. 移动单个关键帧

在"效果控件"面板中找到要移动的关键帧，选择"工具"面板中的选择工具▶，拖动需要移动的关键帧至合适时间点后释放鼠标即可，如图6-21所示。

2. 移动多个关键帧

在"工具"面板中选择选择工具▶，接着框选需要移动的多个关键帧，左右拖曳即可完成移动操作，如图6-22所示。

图　6-21

图　6-22

如果需要选中两个不相邻的关键帧，可以按住Ctrl键或Shift键，选中多个需要移动的关键帧进行拖动即可，如图6-23所示。

图　6-23

6.3.5　复制关键帧

在Premiere Pro 2020中，复制关键帧的方法主要有以下3种。

1. 使用快捷键复制

使用快捷键是复制关键帧的常用手法。在"效果控件"面板中选中需要复制的关键帧，然后按快捷键Ctrl+C复制。接着，将时间线滑动到新的时间点，按快捷键Ctrl+V粘贴关键帧，如图6-24所示。

图 6-24

2. 使用Alt键复制

在"效果控件"面板中选中需要复制的关键帧，然后按住Alt键将关键帧往左或往右拖曳，即可复制关键帧，如图6-25所示。

图 6-25

3. 使用快捷菜单复制

在"效果控件"面板中右击需要复制的关键帧，在弹出的快捷菜单中执行"复制"命令，如图6-26所示。接着，将时间线滑动到新的时间点，在空白处右击，在弹出的快捷菜单中执行"粘贴"命令，如图6-27所示，即可完成关键帧的复制。

图 6-26

图 6-27

6.3.6 关键帧插值

插值是在两个已知值之间填充未知数据的过程。关键帧插值可以控制关键帧的速度变化，系统默认使用的是线性插值法。如果要更改插值方式，可以选择关键帧后右击，在弹出的快捷菜单中执行相应的命令进行更改。

1. 线性

"线性"插值是系统默认的插值方法，用于创建关键帧之间的匀速变化。创建关键帧后，在"效果控件"面板中选中关键帧并右击，在弹出的快捷菜单中执行"线性"命令，此时的效果线条为平行线，运动效果是趋于匀速和平缓的，如图6-28所示。

图 6-28

2. 贝塞尔曲线

"贝塞尔曲线"插值用于在关键帧的一侧手动调整线条曲线的形状及变化速率。创建关键帧后，在"效果控件"面板中选中关键帧并右击，在弹出的快捷菜单中执行"贝塞尔曲线"命令，关键帧样式变为沙漏形态。通过调节曲线上的控制柄，可以调整动画效果，如图6-29所示。

3. 自动贝塞尔曲线

"自动贝塞尔曲线"插值用于调整关键帧的平滑变化速率。创建关键帧后，在"效果控件"面板中选中关键帧并右击，在弹出的快捷菜单中执行"自动贝塞尔曲线"命令，关键帧样式变为圆形形态。在曲线节点的两侧会出现两个没有控制柄的控制点，直接拖动控制点即可将自动曲线转换为弯曲的贝塞尔曲线，如图6-30所示。

图 6-29

图 6-30

4. 连续贝塞尔曲线

"连续贝塞尔曲线"插值用于创建关键帧的平滑变化速率。创建关键帧后，在"效果控件"面板中选中关键帧并右击，在弹出的快捷菜单中执行"连续贝塞尔曲线"命令，关键帧样式变为沙漏形态。在"效果控件"面板中，可以通过拖动控制柄来改变两侧曲线的弯曲程度，从而改变动画效果，如图6-31所示。

5. 定格

"定格"插值用于更改属性值且不产生渐变过渡。创建关键帧后，在"效果控件"面板中选中关键帧并右击，在弹出的快捷菜单中执行"定格"命令，关键帧样式变为箭头形态。两个速率曲线节点将根据节点的运动状态自动调节速率曲线的弯曲程度，当动画播放到该关键帧位置时，将保持前一关键帧的画面效果，如图6-32所示。

图 6-31

图 6-33

图 6-32

图 6-34

6. 缓入

"缓入"插值用于减慢进入关键帧时值的变化速度。创建关键帧后，在"效果控件"面板中选中关键帧并右击，在弹出的快捷菜单中执行"缓入"命令，关键帧样式变为沙漏形态▇。当动画进入该关键帧时，速度逐渐减缓，可以消除因速度波动大而产生的画面不稳定感，如图6-33所示。

7. 缓出

"缓出"插值用于逐渐加快离开关键帧时值的变化速度。创建关键帧后，在"效果控件"面板中选中关键帧并右击，在弹出的快捷菜单中执行"缓出"命令，关键帧样式变为沙漏形态▇。当动画离开关键帧时速率减缓，同样可消除因速度波动大而产生的画面不稳定感，如图6-34所示。

6.4　运动的创建

在Premiere Pro 2020中，运动的创建主要是在"效果控件"面板中完成的，下面介绍几种常用运动属性动画的创建方法。

6.4.1　位置

"位置"属性用于制作素材的位移动画，可以通过调整素材的坐标来控制素材在画面中的位置。更改"位置"属性右侧的第一个数值，可以使画面左右移动。将数值缩小，画面会向左边移动，如图6-35所示；将数值放大，画面会向右边移动，如图6-36所示。

图　6-35

图　6-36

更改"位置"属性右侧的第二个数值，可以使画面上下移动。将数值缩小，画面会向上移动，如图6-37所示；将数值放大，画面会向下移动，如图6-38所示。

图　6-37

图　6-38

6.4.2　缩放

"缩放"属性用于控制素材的尺寸大小，可以更改素材的高度和宽度，如图6-39和图6-40所示。

如果对素材的高度和宽度进行等比缩放，可以在"效果控件"面板中勾选"等比缩放"复选框，如图6-41和图6-42所示。

图 6-39

图 6-40

图 6-41

图 6-42

6.4.3 旋转

"旋转"属性用于设置素材在画面中的旋转角度，更改该属性的参数值，可以调整素材的角度，如图6-43所示为分别调整素材"旋转"为0°、60°、90°、135°时的画面效果。

图 6-43

6.4.4 锚点

锚点即素材的轴心点，如图6-44所示，素材的位置、旋转和缩放运动都是基于锚点来完成的。

图 6-44

6.5 运动实例：缩放效果的应用

　　"缩放"效果可以将素材放大或缩小。"缩放"效果是通过设置"效果控件"面板中的"缩放"属性实现的。原始素材的尺寸为100。小于100时，对素材进行缩小处理；大于100时，对素材进行放大处理。下面介绍缩放效果应用的操作。

▶01 启动Premiere Pro 2020，新建项目，新建序列，然后执行"文件"|"导入"命令，将素材导入"项目"面板中，如图6-45所示。

图 6-45

▶02 将素材拖曳至"时间轴"面板中，在"节目"监视器面板中将显示素材画面，如图6-46所示。

图 6-46

▶03 在"效果控制"面板中将时间线移动到开始位置，并单击"缩放"属性的"切换动画"按钮 ，为其设置第一个关键帧，如图6-47所示。

▶04 继续移动时间线到合适的位置，在"效果控件"面板中改变"缩放"属性，此时系统会自动记录第二个关键帧，画面也将放大，如图6-48所示。

　　如果需要继续添加关键帧，可以按照上述同样的方式添加。按Enter键对运动效果进行渲染，可以在"节目"监视器面板中预览缩放效果的最终画面。

图 6-47

图 6-48

6.6 运动实例：旋转效果的应用

"旋转"效果可以通过改变一段素材的角度使其产生旋转运动的效果。在Premiere Pro 2020中，该效果通过设置"效果控件"面板中的"旋转"属性实现。下面介绍"旋转"效果应用的操作。

▶01 打开Premiere Pro 2020，新建项目，新建序列，然后执行"文件"|"导入"命令，将素材导入"项目"面板中，如图6-49所示。

图　6-49

▶02 将素材拖曳至"时间轴"面板中，并在"节目"监视器面板中打开，如图6-50所示。

图　6-50

▶03 在"效果控制"面板中将时间线移动到开始位置，并单击"旋转"属性的"切换动画"按钮，为其设置第一个关键帧，如图6-51所示。

▶04 继续将时间线移动到合适的位置，在"效果控件"面板中改变"旋转"属性，此时系统会自动记录第二个关键帧，如图6-52所示。

图　6-51

图　6-52

6.7 应用案例：进度条加载动画

进度条加载动画是指进度条根据数值同步增加。本案例利用"时间码"和"Alpha发光"等效果制作一款简单的进度条加载动画，具体操作如下。

▶01 启动Premiere Pro 2020，新建项目，新建序列。

▶02 在"项目"面板中右击，在弹出的快捷菜单中执行"新建项目"|"透明视频"命令，如图6-53所示。

图 6-53

▶03 将"透明视频"拖曳至"时间轴"面板中，接着在"效果"面板中依次展开"视频效果"|"视频"文件夹，将"时间码"效果拖曳至素材上方，如图6-54所示。

图 6-54

▶04 进入"效果控件"面板，取消勾选"场符号"复选框，将"格式"设置为"帧"，将"时间码源"改为"生成"，如图6-55所示。

▶05 选择"透明视频"素材并右击，在弹出的快捷菜单中执行"速度/持续时间"命令，如图6-56所示。

图 6-55

图 6-56

▶06 弹出"剪辑速度/持续时间"对话框，将"持续时间"更改为（00:00:05:00），如图6-57所示，即可将"透明视频"素材调整到100帧。

图 6-57

▶07 选择"透明视频"素材并右击，在弹出的快捷菜单中执行"嵌套"命令，如图6-58所示，这样做可以在不更改帧数的情况下调整素材的播放速度。

▶08 添加倒计时效果后，执行"文件"|"新建"|"旧版标题"命令，在弹出的"新建字幕"对话框中单击"确定"按钮，进入"字幕"编辑器面板，选择矩形工具▇，在画面中绘制一个矩形，并为其填充白色，如图6-59所示。

图 6-58

图 6-61

图 6-59

▶09 关闭"字幕"编辑器面板，将绘制的矩形拖曳至"时间轴"面板中，然后按住Alt键复制一层，如图6-60所示。

图 6-60

▶10 双击"字幕01复制01"素材，进入"字幕"编辑器面板，取消勾选"填充"复选框，并勾选"外描边"复选框，对相关属性进行调整，如图6-61所示。

▶11 在"效果"面板中依次展开"视频过渡"|"擦除"文件夹，将"划出"效果拖曳至"字幕01"素材上方，并调整素材的"持续时间"为（00:00:01:00），如图6-62所示。

图 6-62

▶12 在"效果"面板中依次展开"视频效果"|"风格化"文件夹，将"Alpha发光"效果拖曳至复制得到的"字幕01复制01"素材上方，如图6-63所示。

图 6-63

▶13 进入"效果控件"面板，更改"Alpha发光"效果的"起始颜色"和"结束颜色"，如图6-64所示。

图 6-64

图 6-67

▶14 执行"文件"|"导入"命令，弹出"导入"对话框，选择相关素材中的"背景音乐.wav"素材，单击"打开"按钮，如图6-65所示。

图 6-65

▶15 将"项目"面板中的"背景音乐.wav"素材拖曳至"时间轴"面板中，并调整素材长度，使其与画面素材长度保持一致，如图6-66所示。

图 6-66

▶16 按Enter键渲染项目，渲染完成后可预览视频效果，如图6-67所示。

6.8 应用案例：人物定格动画

定格动画就是将对象的某一帧定格，并使对象逐渐放大。在此过程中，主体对象旁边的物体不会发生变化，具体操作如下。

▶01 启动Premiere Pro 2020，新建项目，新建序列。

▶02 执行"文件"|"导入"命令，弹出"导入"对话框，选择要导入的素材，单击"打开"按钮，如图6-68所示。

图 6-68

▶03 在"项目"面板中选择01.mp4素材，将其拖曳至"节目"监视器面板中，如图6-69所示。

▶04 将时间线移动到（00:00:02:15）位置，右击，在弹出的快捷菜单中执行"插入帧定格分段"命令，如图6-70所示。完成操作后，后面的内容将被定格成当前帧。

图 6-69

图 6-70

▶05 选择被定格的部分，按住Alt键复制得到一层，放入V2轨道，然后选择钢笔工具📝，在画面中将人物部分抠出来，如图6-71所示。

图 6-71

▶06 选择复制得到的01.mp4素材，右击，在弹出的快捷菜单中执行"嵌套"命令，如图6-72所示。

图 6-72

▶07 选择"嵌套序列01"素材，进入"效果控件"面板，将时间线移动到（00:00:02:15）位置，设置"位置"为（960:540），设置"缩放"为100，将时间线移动到（00:00:03:19）位置，将"位置"更改为（999:464），将"缩放"更改为113，如图6-73所示。

图 6-73

▶08 选择V1轨道上的01.mp4素材，在"效果"面板中依次展开"视频效果"|"图像控制"文件夹，将"黑白"效果拖曳至该素材上方，如图6-74所示。

图 6-74

▶09 在"效果"面板中依次展开"视频效果"|"透视"文件夹,将"径向阴影"效果拖曳至01.mp4素材上方,此时"节目"监视器面板中对应的画面如图6-75所示。

图　6-75

▶10 进入"效果控件"面板,调整"径向阴影"效果的各项参数,将"不透明度"调整为100%,将"光源"调整为(983:540),将"投影距离"调整为14,如图6-76所示。

▶11 将01.png素材拖曳至两段素材之间,如图6-77所示。

▶12 选择01.png素材,进入"效果控件"面板,

给"缩放"属性添加关键帧,将时间线移动到(00:00:02:15)位置,数值调整为108;将时间线移动到(00:00:03:19)位置,数值调整为66,如图6-78所示。

▶13 执行"文件"|"新建"|"旧版标题"命令,在弹出的"新建字幕"对话框中单击"确定"按钮,然后进入"字幕"编辑器面板,输入文字"主播",如图6-79所示。

图　6-76

图　6-77

图　6-78

图　6-79

▶14 将文字摆放到合适的位置,并添加"缩放"关键帧,将时间线移动到(00:00:02:15)位置,数值调整为150,接着将时间线移动到(00:00:03:19)位置,数值调整为83,如图6-80所示。

▶15 选中"缩放"关键帧,右击,在弹出的快捷菜单中执行"缓入"命令,再执行"缓出"命令,然后调整参数控制柄,如图6-81所示。

图 6-80

图 6-81

▶16 在"项目"面板中选择"背景音乐.wav"素材，将其拖曳至"时间轴"面板中，将长度调整到和视频素材一样，如图6-82所示。

图 6-82

▶17 在"效果"面板中依次展开"视频过渡"|"溶解"文件夹，将"黑场过渡"效果拖曳至视频素材的结尾处，并在"效果控件"面板中调整"持续时间"为（00:00:00:13），如图6-83所示。

图 6-83

▶18 在"效果"面板中依次展开"音频过渡"|"交叉淡化"文件夹，将"恒定增益"效果拖曳至音频素材的结尾处，并在"效果控件"面板中调整"持续时间"为（00:00:00:13），如图6-84所示。

图 6-84

▶19 按Enter键渲染项目，渲染完成后可预览视频效果，如图6-85所示。

图 6-85

6.9 应用案例：玻璃划过动画

玻璃划过动画是模拟玻璃划过画面时的效果，通过此效果可以制作镜面划过式转场。制作玻璃划过动画的具体操作如下。

▶01 启动Premiere Pro 2020，新建项目，新建序列。

▶02 执行"文件"|"导入"命令，弹出"导入"对话框，选择要导入的素材，单击"打开"按钮，如图6-86所示。

图 6-86

▶03 在"项目"面板中选择"背景.MOV"素材，将其拖曳至"节目"监视器面板中，如图6-87所示。

▶04 在"时间轴"面板中移动时间线到（00:00:10:15）位置，选择"工具"面板中的剃刀工具，对素材进行分割，如图6-88所示。

图 6-87

图 6-88

▶05 将分割后右侧的部分删除，选择分割出来的片段，按住Alt键向上复制一层，如图6-89所示。

图 6-89

▶06 执行"文件"|"新建"|"旧版标题"命令，在弹出的"新建字幕"对话框中单击"确定"按钮，如图6-90所示。

图 6-90

▶07 进入"字幕"编辑器面板，选择矩形工具，在画面中绘制一个白色矩形，如图6-91所示。

图 6-91

图 6-92

08 关闭"字幕"编辑器面板,在"项目"面板中将"字幕01"素材拖曳至"时间轴"面板中,并调整长度至（00:00:10:15）位置,使其与"背景.MOV"对齐,如图6-92所示。

09 双击"字幕01"素材,进入"字幕"编辑器面板,调整矩形的大小、位置及角度,如图6-93所示。

10 在"时间轴"面板中选中V2轨道上的"背景.MOV"素材,在"效果"面板中依次展开"视频效果"|"键控"文件夹,将"轨道遮罩键"效果拖曳至素材上方,如图6-94所示。

图 6-93

图 6-94

11 选择V2轨道上的"背景.MOV"素材,进入"效果控件"面板,将"遮罩"设置为"视频3",如图6-95所示。

12 这时会发现白色矩形框消失了,变为透明状态。此时需要在"效果控件"面板中对"缩放"属性进行调整,如图6-96所示。

图 6-95

图 6-96

▶13 在"时间轴"面板中选中"字幕01"素材，在"效果"面板中依次展开"视频效果"|"扭曲"文件夹，将"变换"效果拖曳至素材上方，如图6-97所示。

图　6-97

▶14 进入"效果控件"面板，选择"变换"效果的"位置"属性，将时间线移动到（00:00:02:06）位置，添加一个关键帧，数值为（93:540），让玻璃动画移动到画面外，接着移动时间线到（00:00:10:00）位置，数值为（2665:540），将玻璃动画从画面中划过，如图6-98所示。

▶15 选中两个关键帧，右击，在弹出的快捷菜单中执行"临时插值"|"缓入"命令，再执行"临时插值"|"缓出"命令，如图6-99所示。

图　6-98

图　6-99

▶16 调整"缓入"和"缓出"控制柄，呈现由快到慢的动画效果，如图6-100所示。

▶17 进入"时间轴"面板，选中V2轨道上的"背景.MOV"素材，在"效果"面板中依次展开"视频效果"|"颜色校正"文件夹，将"Lumetri颜色"效果拖曳至素材上方，如图6-101所示。

图　6-100

图　6-101

▶18 进入"效果控件"面板，将"色温"调整为9，将"色彩"调整为16，将"曝光"调整为0.8，将"对比度"调整为9，将"高光"调整为11，将"阴影"调整为14，将"白色"调整为8，将"黑色"调整为11，如图6-102所示。

▶19 设置完玻璃的颜色后，在"效果"面板中依次展开"视频效果"|"透视"文件夹，将"投影"效果拖曳至素材上方，如图6-103所示。

图 6-102

图 6-103

▶20 进入"效果控件"面板，调整"投影"的"不透明度"为100%，"方向"为135°，"柔和度"为20，如图6-104所示。

▶21 在"效果控件"面板中将"投影"属性复制一层，将"阴影颜色"更改为黑色，将"不透明度"更改为50%，调整"距离"为15，调整"柔和度"为41，如图6-105所示。

图 6-104

图 6-105

▶22 回到序列中，在"项目"面板中将"背景音乐.wav"拖曳至"时间轴"面板中，并调整长度和视频素材一致，如图6-106所示。

图 6-106

▶23 在"效果"面板中依次展开"视频过渡"|"溶解"文件夹，将"黑场过渡"效果拖曳至"背景.MOV"素材结尾处，如图6-107所示。

图 6-107

▶24 在"效果"面板中依次展开"音频过渡"|"交叉淡化"文件夹,将"恒定增益"效果拖曳至音频素材结尾处,如图6-108所示

图 6-108

▶25 按Enter键渲染项目,渲染完成后可预览视频效果,如图6-109所示。

图 6-109

6.10 应用案例:动态图形拼接动画

动图图形拼接动画是通过图形拼接形成完整画面,用于制作炫酷的效果。下面利用视频效果制作动态图形拼接动画,具体操作如下。

▶01 启动Premiere Pro 2020,新建项目,新建序列。

▶02 执行"文件"|"导入"命令,弹出"导入"对话框,选择要导入的素材,单击"打开"按钮,如图6-110所示。

▶03 在"项目"面板中选择素材,将"背景.jpg"拖曳至"节目"监视器面板中,如图6-111所示。

图 6-110

▶04 将"图形拼接遮罩.mov"素材拖曳至V2轨道,如图6-112所示。

▶05 选中V1轨道中的"素材.jpg"素材并右击,在弹出的快捷菜单中执行"嵌套"命令,在"效果"面板中依次展开"视频效果"|"键控"文件夹,将"轨道遮罩键"效果拖曳至素材上方,将"遮罩"属性改为"视频2",并调整素材的"不透明度"为60,如图6-113所示。

▶06 执行"文件"|"新建"|"颜色遮罩"命令,将遮罩的颜色改为黑色,并在"效果控件"面板中将"混合模式"改为"颜色加深",同时降低"不透明度"为50,如图6-114所示。

图 6-111

图 6-112

图 6-113

图 6-114

▶07 执行"文件"|"新建"|"旧版标题"命令，在弹出的"新建字幕"对话框中单击"确定"按钮，进入"字幕"编辑器面板，输入文字，如图6-115所示。

▶08 将"图形拼接遮罩.mov"素材拖曳至"字幕01"素材上方。选中"字幕01"素材，在"效果"面板中依次展开"视频效果"|"键控"文件夹，将"轨道遮罩键"效果拖曳至"字幕01"素材上方，在"效果控件"面板中将"遮罩"改为"视频5"，如图6-116所示。选中"字幕01"和"图形拼接遮罩.mov"素材并右击，在弹出的快捷菜单中执行"嵌套"命令。

图 6-115

图 6-116

▶09 双击"嵌套序列01"素材，进入嵌套中选择"字幕01"素材，为文字的"缩放"和"不透明度"属性添加关键帧，让字幕慢慢变大且慢慢显现，如图6-117所示。

▶10 选中"字幕01"素材，在"效果"面板中依次展开"视频效果"|"扭曲"文件夹，将"波形变形"效果拖曳至素材上方，在"效果控件"面板中更改其参数，如图6-118所示。

▶11 选中"字幕01"素材，在"效果"面板中依次展开"视频效果"|"过时"文件夹，将"快速模糊"效果拖曳至素材上方，在"效果控件"面板中调整参数，如图6-119所示。

▶12 在"效果"面板中依次展开"视频效果"|"透视"文件夹，将"投影"效果拖曳至"字幕01"素材上方，并在"效果控件"面板中调整参数，如图6-120所示。

图 6-117　　　　图 6-118

图 6-121

图 6-119　　　　图 6-120

图 6-122

▶13 返回主序列，将"漂浮颗粒.mov""漏光.mp4""百叶窗.mp4"素材拖曳至"时间轴"面板中，如图6-121所示。

▶14 依次选择3个素材，在"效果控件"面板中分别将它们的"混合模式"更改为"滤色"，如图6-122所示。

▶15 在"项目"面板中选择"背景音乐.wav"素材，将其拖曳至"时间轴"面板，并调整其长度，如图6-123所示。

▶16 在"效果"面板中依次展开"视频过渡"|"溶解"文件夹，将"黑场过渡"效果拖曳至视频素材的结尾处，并在"效果控件"面板中调整持续时间，如图6-124所示。

▶17 按Enter键渲染项目，渲染完成后可预览视频效果，如图6-125所示。

图 6-123

图 6-124

图 6-125

效。创建一个滑动遮罩效果，需要3个视频剪辑，一个作为背景，中间的视频用于添加动画，最后的图像用于遮罩本身，如图6-126所示。另外，需要使用"效果"面板中的"轨道遮罩键"效果，如图6-127所示。

渲染后的效果图如图6-128所示。

图 6-126

6.11 拓展练习：创建滑动遮罩

滑动遮罩是一种结合了运动和蒙版技术的特

图 6-127

图 6-128

6.12 拓展练习：控制运动的缩放

在"效果控件"面板中为"缩放"属性添加关键帧可以控制运动的缩放。首先将两个素材图片导入"项目"面板中，如图6-129所示。在"效果控件"面板中做"不透明度"和"缩放"动画，最后效果图如图6-130所示。

图 6-129

图 6-130

第7章 音乐MV——音频效果的应用

7.1 关于音乐MV

MV也称为音乐短片、音乐视频，现在主要用于宣传音乐唱片。

7.1.1 MV剪辑技巧

一部精美的音乐MV，除了前期的创意构思，更离不开后期的剪辑技巧。下面介绍6个MV剪辑技巧。

1. 明确设计意图

创作前期必须明确MV要表现的是什么。无论是纯剪辑的、片花式的，还是剧情式的，如果镜头像一盘散沙一样毫无章法，那一定是没有凝聚力的作品。

2. 音乐节奏要与画面协调

首先要让音乐的节奏与画面切换的节奏协调。因为音乐的节奏决定了MV的风格与基调，在拼接镜头的时候，要完全遵循音乐的节奏来控制画面切换的节奏。其次，要让音乐的节奏与画面内部的节奏协调，音乐的节奏要和画面中人物的活动速度或是运动镜头的运动速度相协调。最后，要学会把握音乐重音，也就是踩点，根据音乐的重音、低音进行踩点，也能让音乐和画面更协调。

3. 镜头的剪辑要有章法

剪辑要有一定的规律性，应兼顾近景、中景、远景，要注意画面的张力，避免出现"跳帧"的情况。此外，镜头组合要遵循"动接动"和"静接静"的原则，还要注意镜头转场的应用。

4. 运用边框、遮罩等元素

在制作MV的过程中，要适当运用边框、遮罩等元素。这些元素都是为MV的画面服务的，不宜过于复杂，避免影响画面观感，同时要与MV的整体风格协调。

5. 合理搭配色彩

确保画面的色调、饱和度、对比度等保持协调，合理的色彩搭配可以为MV锦上添花。

6. 运用特效

特效的运用可以大大提高MV作品的观赏性和表现力，推动画面呈现更为精彩的视觉效果。

7.1.2 镜头表现手法

镜头是影视创作的基本单位，一个完整的影视作品，是由一个一个的镜头组接而成的，因此镜头直接影响影视作品的最终效果。下面介绍几种常见的镜头表现手法。

1. 推镜头

推镜头是一种比较常用的拍摄手法，主要是利用摄像机前移或变焦来完成镜头拍摄。拍摄过程中，镜头逐渐靠近主体对象。推镜头可以突出拍摄对象的局部，更清楚地表现细节的变化，如图7-1所示。

图 7-1

2. 拉镜头

拉镜头与推镜头相反，主要是利用摄像机后移或变焦来完成镜头拍摄。拍摄过程中，使镜头逐渐远离要表现的主体对象。拉镜头可以突出拍摄对象与整体的关系，如图7-2所示。

图 7-2

3. 移镜头

移镜头也称移动拍摄，通过移动摄像机来拍摄主体对象。拍摄时，画面逐步呈现，形成巡视或展示的视觉感受，如图7-3所示。

图 7-3

4. 跟镜头

跟镜头也称跟拍。在拍摄过程中，找到运动的目标，可以是一辆行驶的汽车，也可以是行走的人物，然后跟随目标的运动进行拍摄。跟镜头一般会使对象在画面中的位置保持不变，随着对象的运动，其经过的画面会有所变化，但主体对象始终处于画面中。跟镜头可以很好地突出主体，同时可以表现主体的运动速度、方向及体态等，如图7-4所示。

图 7-4

5. 摇镜头

摇镜头也称摇拍。在拍摄时，摄像机保持不动，通过摇动镜头，使镜头在左右、上下或旋转等方向上运动。摇镜头可以用来表现事物逐渐呈现的过程，一个又一个的画面从渐入镜头到渐出镜头，可以很好地表现事物的发展过程。

6. 旋转镜头

旋转镜头是指被拍摄对象呈旋转效果的画面。拍摄过程中，沿镜头光轴或接近镜头光轴的角度进行旋转拍摄，摄像机会快速旋转，如图7-5所示。

图 7-5

7. 甩镜头

甩镜头是指快速地摇动镜头，极快地将镜头从一个对象转移到另一个对象，实现画面的切换，中间的画面将呈现模糊效果。

8. 晃镜头

晃镜头一般应用于特定的环境。该镜头可以让画面产生上下、左右或前后的摇摆效果，多用于表现精神恍惚、头晕目眩、乘车船等情况的摇晃感。

7.2 音频的处理方式

Premiere Pro 2020具有强大的音频处理能力，主要通过"音频剪辑混合器"面板来完成操作，如图7-6所示。

图 7-6

7.2.1 音频效果的处理方式

音频轨道分为两个通道，分别是左（L）声道和右（R）声道。如果音频素材使用的是单声道，可以在Premiere Pro 2020中对其声道效果进行改变；如果音频素材使用的是双声道，可以在两个声道之间实现音频特有的效果。Premiere Pro 2020提供了众多用于处理音频的效果，可以直接将这些音频效果添加到音频素材上，并且能够转化成帧，方便对其进行编辑。

7.2.2 处理音频的顺序

在Premiere Pro 2020中处理音频素材时，需要遵循一定的处理顺序，比如按次序添加音频效果。Premiere Pro 2020会对序列中应用的音频效果进行优先处理，再对"音频剪辑混合器"面板的音频轨道中添加的摇移或增益进行调整。

7.3 音频调节基础

下面介绍音频调节的基础知识。

7.3.1 认识音频轨道

在Premiere Pro 2020的"时间轴"面板中有两种轨道，分别是视频轨道和音频轨道。音频轨道位于视频轨道的下方，如图7-7所示。将视频素材从"项目"面板拖曳至"时间轴"面板中，Premiere Pro 2020会自动将剪辑中的音频放到相应的音频轨道上，如果把视频素材放在视频1（V1）轨

道上，那么相关联的音频就会自动放置在音频1（A1）轨道上，如图7-8所示。

图 7-7

图 7-8

7.3.2 调整音频的持续时间与速度

音频的持续时间是指音频的出点和入点之间的持续时间。最简单的调整音频的方法是直接使用"工具"面板中的选择工具拖动音频的边缘，来改变音频轨道上音频素材的长度，如图7-9所示。

此外，可以选择"时间轴"面板中的音频素材并右击，在弹出的快捷菜单中执行"速度/持续时间"命令，如图7-10所示，在弹出的"剪辑速度/持续时间"对话框中设置音频的持续时间，如图7-11所示。

图 7-9

图 7-10

图 7-11

> **提示** 在"剪辑速度/持续时间"对话框中,通过设置音频素材的"速度",可以改变音频的"持续时间"。改变音频的播放速度后,音频的播放效果将受到影响,音调会因为速度的变化而发生改变。另外,播放速度变化了,播放时间也会随之改变,但是这种改变与通过改变音频素材的出、入点改变持续时间是不同的。

7.3.3 音量调整

在编辑音频素材时,如果视频原有的声音过大或过小,需要对音频素材的音量进行调整。在Premiere Pro 2020中有多种调节音量的方式,下面介绍两种常见的方式。

1. 通过"效果控件"面板调整音量

选择音频素材,在"效果控件"面板中展开"音量"效果属性,通过设置"级别"可以调整音频素材的音量大小,如图7-12所示。

图 7-12

在"效果控件"面板中可以制作音频关键帧动画。单击"音频"效果某个属性右侧的"添加

关键帧"按钮 ,创建一个关键帧,如图7-13所示。接着,将时间线移到下一个时间点,重新设置音频属性的参数值,Premiere Pro将自动在该时间添加一个关键帧,如图7-14所示。

图 7-13

图 7-14

2. 通过"音频剪辑混合器"面板调整音量

在"时间轴"面板中选择音频素材,然后在"音频剪辑混合器"面板中拖动相应音频轨道的音量调节滑块,如图7-15所示。

图 7-15

每个音频轨道都有一个对应的音量调节滑块，上下拖动该滑块，可以增加或降低对应音频轨道中音频素材的音量。滑块下方会显示当前音量，也可以直接在数值栏中输入数值。

7.4　使用"音频剪辑混合器"

使用"音频剪辑混合器"面板可以实时混合"时间轴"面板中各个轨道中的音频素材。通过"音频剪辑混合器"可以很方便地控制音频的声道、音量等属性。

7.4.1　认识"音频剪辑混合器"面板

"音频剪辑混合器"面板由若干个轨道音频控制器、主音频控制器和播放控制器组成。轨道音频控制器用于调节"时间轴"面板对应轨道中的音频，它的数量跟"时间轴"面板中音频轨道的数量一致。轨道音频控制器由声道调节滑轮、控制按钮和音量调节滑杆组成，如图7-16所示。

图　7-16

1. 声道调节滑轮

声道调节滑轮用于实现音频素材的声道切换。当音频素材为双声道音频时，可以使用声道调节滑轮来调节播放声道。按住鼠标左键向左拖动滑轮，输出左声道的音量将增大；向右拖动滑轮，输出右声道的音量将增大。

2. 控制按钮

- ⓜ静音轨道：设置轨道音频是否为静音状态。
- ⓢ独奏轨道：单击此按钮，其他普通音频轨道将自动被设置为静音模式。

- ◎写关键帧：对音频素材进行关键帧设置。

3. 音量调节滑杆

音量调节滑杆主要用于控制当前轨道音频素材的音量大小。按住鼠标左键向上拖动滑块，可以增加音量；向下拖动滑块，可以减小音量。

7.4.2　使用"音频剪辑混合器"面板控制音频

使用"音频剪辑混合器"面板控制音频指的是在"音频剪辑混合器"面板中调整音量大小。如果音频素材音量过低，在"音频剪辑混合器"面板中单击相应的音量调节滑块，如图7-17所示，然后按住鼠标左键向上拖动滑块至音量表中0的位置，如图7-18所示。

图　7-17

图　7-18

如果音频素材音量过高，在"音频剪辑混合器"面板中单击相应的音量调节滑块，如图7-19所示，然后按住鼠标左键向下拖动滑块至音量表中0的位置，如图7-20所示。

图 7-19

图 7-20

7.5 音频效果

Premiere Pro 2020提供几十种音频效果，而且使用每种音频效果后的声音各不相同。下面介绍常用的音频效果。

7.5.1 多功能延迟效果

"多功能延迟"效果就是在原音频素材的基础上制作回音效果，可以产生4层回音，并且可以通过调节参数控制每层回音发生的延迟时间及程度。

在"效果"面板中展开"音频效果"|"过时的音频效果"文件夹，选择"多功能延迟"效果，如图7-21所示。将其拖曳至音频素材上，并在"效果控件"面板中对其参数进行设置，如图7-22所示。

图 7-21

图 7-22

常用参数说明如下。

● 延迟：设置音频播放时的声音延迟时间。
● 反馈：设置回声时间。
● 级别：设置回声的强弱。
● 混合：设置回声和原音频素材的混合度。

7.5.2 带通效果

"带通"效果可以移除在指定范围外发生的声音频率或频段。在"效果"面板中展开"音频效果"|"过时的音频效果"文件夹，选择"带通"效果，如图7-23所示，将其效果拖曳至音频素材上，并在"效果控件"面板中对其参数进行设置，如图7-24所示。

常用参数说明如下。

● 中心：调节音频范围中心的频率。
● Q：设置波段频率的宽度。

图 7-23

图 7-24

7.5.3 低通/高通效果

"低通"效果用于删除高于指定频率外的其他频率信息，使音频产生浑厚的低音音场效果；"高通"与"低通"相反，用于删除低于指定频率外的其他频率信息，使音频产生清脆的高音音场效果。

在"效果"面板中展开"音频效果"文件夹，选择"低通"或"高通"效果，将效果拖曳至音频素材上，并在"效果控件"面板中对其参数进行设置，如图7-25所示。

图 7-25

常用参数说明如下。

● 屏蔽度：在"低通"效果中，该选项用于设定可通过声音的最高频率。在"高通"效果中，该选项用于设定可通过声音的最低频率。

7.5.4 低音/高音效果

"低音"效果用于提升音频波形中低频部分的音量，使音频产生低音增强效果；"高音"效果用于提升音频波形中高频部分的音量，使音频产生高音增强效果。

在"效果"面板中展开"音频效果"文件夹，选择"低音"或"高音"效果，将效果拖曳至音频素材上，并在"效果控件"面板中对其参

数进行设置，如图7-26所示。

图 7-26

常用参数说明如下。

● 提升：提升或降低低音或高音。

7.5.5 消除齿音效果

"消除齿音"效果可以消除在前期录制中产生的刺耳齿音，用于对人物语音音频进行清晰化处理。在"效果"面板中展开"音频效果"文件夹，选择"消除齿音"效果，将效果拖曳至音频素材上，并在"效果控件"面板中对其参数进行设置，如图7-27所示。

图 7-27

提示 可以在同一个音频轨道上添加多个音频效果，并分别进行控制。

7.5.6 音量效果

在"效果"面板中展开"音频效果"文件夹，选择"音量"效果，将效果拖曳至音频素材上，并在"效果控件"面板中对其参数进行设置，如图7-28所示。

常用参数说明如下。

● 级别：设置音量的大小。该参数为正值时，提高音量；该参数为负值时，降低音量。

图 7-28

7.6 音频实例：调节影片音频

在"效果控件"面板调节影片的音频，具体操作如下。

01 启动Premiere Pro 2020软件，新建项目，新建序列，执行"文件"|"导入"命令，将所需视频导入"项目"面板中，如图7-29所示。

图 7-29

02 将beach1.mp4素材拖曳至"时间轴"面板中，然后选中音频，如图7-30所示。

图 7-30

03 在"效果控件"面板中展开"音频"效果参数，在视频开始处单击"级别"属性右侧的"添加关键帧"按钮，并设置其参数值为0，如图7-31所示。

04 将时间线调整到合适的位置，设置"级别"为6，如图7-32所示。

图 7-31

图 7-32

05 在"节目"监视器面板中单击"播放"按钮，预览音频的最终效果。

7.7 音频实例：更改音频的增益与速度

下面介绍如何更改音频的增益与速度，具体操作如下。

01 启动Premiere Pro 2020软件，新建项目，新建序列，执行"文件"|"导入"命令，将Pexels Videos 3740.mp4素材导入"项目"面板中，如图7-33所示。

图 7-33

▶02 从"项目"面板中将Pexels Videos 3740.mp4素材拖曳至"时间轴"面板中，选中音频素材，如图7-34所示。

图　7-34

▶03 右击音频素材，在弹出的快捷菜单中执行"速度/持续时间"命令，如图7-35所示，在弹出的"剪辑速度/持续时间"对话框中设置音频的"速度"为90%，如图7-36所示。

图　7-35　　　　　图　7-36

▶04 选择素材，右击，在弹出的快捷菜单中执行"音频增益"命令，如图7-37所示，在弹出的"音频增益"对话框中设置"调整增益值"为3，单击"确定"按钮，如图7-38所示。

图　7-37

图　7-38

提示　"调整增益值"的范围为–96dB~96dB。在"剪辑速度/持续时间"对话框中，设置"持续时间"，还可以精确调整音频素材的速率。

7.8　应用案例：青春音乐MV

下面介绍如何制作青春音乐MV，具体操作如下。

▶01 启动Premiere Pro 2020软件，新建项目，新建序列。

▶02 执行"文件"|"导入"命令，弹出"导入"对话框，选择要导入的素材，单击"打开"按钮，如图7-39所示。

图　7-39

▶03 在"项目"面板中选择1.mp4素材，按住鼠标左键，将其拖曳至"节目"监视器面板中，如图7-40所示。

图　7-40

▶04 执行"文件"|"导入"命令，将音频素材导入"项目"面板中，然后将其拖曳至"时间轴"面板中，调整其长度，并在需要切换镜头的地方打上标记，如图7-41所示。

图 7-41

图 7-42

▶**05** 根据音频标记的点，从"项目"面板中依次拖曳素材，并调整素材长度，如图7-42所示。

▶**06** 在"效果"面板中依次展开"视频过渡"|"溶解"文件夹，将"白场过渡"效果拖曳至8.mp4素材的前端，如图7-43所示。

图 7-43

▶**07** 在"效果"面板中依次展开"视频过渡"|"溶解"文件夹，将"交叉溶解"效果拖曳至两个镜头中间，如图7-44所示。

图 7-44

▶**08** 在"效果"面板中依次展开"视频过渡"|"溶解"文件夹，将"黑场过渡"效果拖曳至7.mp4素材的结束位置，如图7-45所示。

图 7-45

▶**09** 执行"文件"|"新建"|"旧版标题"命令，在弹出的对话框中单击"确定"按钮，进入"字幕"编辑器面板，输入歌名和演唱者，如图7-46所示。

▶**10** 关闭"字幕"编辑器面板，将"字幕01"素材拖曳至"时间轴"面板中，按住Alt键复制一层，双击素材进入"字幕"编辑器面板，输入第一句歌词，并调整歌词的位置，如图7-47所示。

▶11 按照上述方式复制歌词，并更改文字和调整位置，直到音乐结束，如图7-48所示。

图　7-46

图　7-47

图　7-48

▶12 在"效果"面板中依次展开"视频过渡"|"擦除"文件夹，将"划出"效果拖曳至"字幕01"素材的开始位置，如图7-49所示。

图　7-49

▶13 将其他文字素材的转场方式设置为"交叉溶解"，如图7-50所示。

图　7-50

▶14 在"效果"面板中依次展开"视频过渡"|"溶解"文件夹，将"黑场过渡"效果拖曳至最后一段文字素材的结束位置，如图7-51所示。

图　7-51

▶15 在"项目"面板中将"粒子.mov"素材拖曳至"时间轴"面板中，放到"字幕01"素材的上方，并根据文字的位置调整"粒子"的位置，如图7-52所示。

图 7-52

▶16 每段文字素材上方都要放上"粒子.mov"素材，如图7-53所示。

图 7-53

▶17 将"项目"面板中的"气泡.mov"素材拖曳至"时间轴"面板中，放在V4轨道上，并在"效果控件"面板中将"不透明度"改为60%，如图7-54所示。

图 7-54

▶18 按Enter键渲染项目，渲染完成后可预览视频效果，如图7-55所示。

图 7-55

7.9 应用案例：古风音乐MV

制作古风MV应该选用古典素材，包括人物的着装、画面字体、背景音乐、转场方式等，都应该风格统一。下面介绍如何制作古风音乐MV，具体操作如下。

▶01 启动Premiere Pro 2020软件，新建项目，新建序列。

▶02 执行"文件"|"导入"命令，弹出"导入"对话框，选择要导入的素材，单击"打开"按钮，如图7-56所示。

图 7-56

▶03 在"项目"面板中选择"背景音乐.mp3"素材文件，将其拖曳至"时间轴"面板中，如图7-57所示。

图 7-57

▶04 播放音乐并按M键，给音乐打上"标记"，如图7-58所示。

图 7-58

05 在"项目"面板中选择8.mp4素材,将其拖曳至"节目"监视器面板中,如图7-59所示。

图 7-59

06 根据音乐标记的点,调整视频素材的长度,如图7-60所示。

图 7-60

07 在"效果"面板中依次展开"视频过渡"|"溶解"文件夹,将"白场过渡"效果拖曳至8.mp4素材上方,如图7-61所示。

08 在"效果"面板中依次展开"视频过渡"|"溶解"文件夹,将"交叉溶解"效果拖曳至两段素材中间,如图7-62所示。

09 在"效果"面板中依次展开"视频过渡"|"溶解"文件夹,将"黑场过渡"效果拖曳至最后一段素材结尾处,如图7-63所示。

图 7-61

图 7-62

图 7-63

▶10 执行"文件"|"新建"|"旧版标题"命令，在弹出的对话框中单击"确定"按钮，进入"字幕"编辑器面板，输入歌名，如图7-64所示。

图 7-64

▶11 关闭"字幕"编辑器面板，将"字幕01"素材拖曳至"时间轴"面板中，选择素材并右击，在弹出的快捷菜单中执行"嵌套"命令，如图7-65所示。

图 7-65

▶12 从"项目"面板中拖曳"粒子.mov"素材，放在V3轨道上，如图7-66所示。

图 7-66

▶13 从"项目"面板中拖曳"分型杂色.mov"素材，放在V4轨道上，如图7-67所示。

图 7-67

▶14 选中"文字"嵌套素材，在"效果"面板中依次展开"视频效果"|"键控"文件夹，将"轨道遮罩键"效果拖曳至"文字"嵌套素材上方，在"效果控件"面板中将"遮罩"设置为"视频4"，将"合成方式"设置为"亮度遮罩"，如图7-68所示。

▶15 选中"文字"嵌套素材，在"效果"面板中搜索"裁剪"效果，将效果拖曳至"文字"嵌套素材上方，并在"效果控件"面板中的"右侧"创建关键帧，让字体跟随粒子一块出现，如图7-69所示。

图 7-68

图 7-69

▶16 在"效果"面板中搜索"投影"效果并拖曳至"文字"嵌套素材上方，在"效果控件"面板中调整其参数，如图7-70所示。

图　7-70

▶17 在"效果"面板中搜索"斜面Alpha"效果并拖曳至"文字"嵌套素材上方，在"效果控件"面板中调整其参数，如图7-71所示。

图　7-71

▶18 按Enter键渲染项目，渲染完成后可预览视频效果，如图7-72所示。

图　7-72

7.10　应用案例：音乐宣传片

本案例分为5个部分，分别是片头制作、添加片段、字幕添加、转场添加和添加音频，主要使用了轨道遮罩效果。下面介绍如何制作一个完整的音乐宣传片。

1. 片头制作

片头是宣传片不可缺少的一部分，一个完整的宣传片离不开一个好的片头。

▶01 启动Premiere Pro 2020软件，新建项目，新建序列。

▶02 执行"文件"|"导入"命令，弹出"导入"对话框，选择要导入的素材，单击"打开"按钮，如图7-73所示。

图　7-73

▶03 在"项目"面板中，选择"背景.mp4"素材，将其拖曳至"节目"监视器面板中，如图7-74所示。

图　7-74

▶04 从"项目"面板中将"边框.mp4"素材拖曳至"时间轴"面板中，放入V2轨道，并调整长度，如图7-75所示。

▶05 在"效果"面板中依次展开"视频效果"|"键控"文件夹，将"颜色键"效果拖曳至素材上方，如图7-76所示。

图 7-75 　　　　　图 7-76

▶06 进入"效果控件"面板，将"主要颜色"改为"黑色"，将"颜色容差"调整为64，如图7-77所示。此时对应的"节目"监视器面板如图7-78所示。

图 7-77

图 7-78

▶07 执行"文件"|"新建"|"旧版标题"命令，在弹出的对话框中单击"确定"按钮，进入"字幕"编辑器面板，输入文字，如图7-79所示。

图 7-79

▶08 关闭"字幕"编辑器面板，进入"效果控件"面板，将时间线移动到起始位置，给"不透明度"添加关键帧，数值为0，如图7-80所示。

图 7-80

▶09 将时间线移动到（00:00:01:00）位置，添加一个关键帧，数值改为100，如图7-81所示。

图 7-81

▶10 此时"节目"监视器面板中对应的画面如图7-82所示。

图 7-82

2. 添加片段

制作完片头后就开始添加片段，片段也是整个视频的核心部分。

▶01 在"项目"面板中将"1.mp4"素材拖曳至"时间轴"面板中，放入V3轨道，如图7-83所示。

图　7-83

▶02 将"水墨遮罩.mp4"素材拖曳至"时间轴"面板中，放入V4轨道，如图7-84所示。

图　7-84

▶03 在"效果"面板中依次展开"视频效果"|"键控"文件夹，将"轨道遮罩键"效果拖曳至"1.mp4"素材上方，如图7-85所示。

图　7-85

▶04 选择"1.mp4"素材，进入"效果控件"面板，将"遮罩"改为"视频4"，将"合成方式"改为"亮度遮罩"，如图7-86所示。此时"节目"监视器面板中的画面如图7-87所示。

图　7-86

图　7-87

其他视频的添加方法与上面的方法相同。

3. 字幕添加

片段添加完毕就可以添加字幕了。字幕在宣传片中起解释说明的作用。

▶**01** 在"项目"面板中将"笔刷.png"素材拖曳至"时间轴"面板中,放入V5轨道,如图7-88所示。

图 7-88

▶**02** 选择"笔刷.png"素材,在"节目"监视器面板中调整素材的大小和位置,如图7-89所示。

图 7-89

▶**03** 执行"文件"|"新建"|"旧版标题"命令,在弹出的对话框中单击"确定"按钮,进入"字幕"编辑器面板,输入文字,如图7-90所示。

图 7-90

▶**04** 选中"字幕02"和"笔刷.png"两个素材,右击,在弹出的快捷菜单中执行"嵌套"命令,如图7-91所示。

▶**05** 进入"效果控件"面板,为"不透明度"添加关键帧。将时间线移动到(00:00:07:01)位

置,将"不透明度"改为0,如图7-92所示。移动时间线到(00:00:07:21)位置,将"不透明度"改为100,如图7-93所示。

图 7-91

图 7-92　　　　图 7-93

▶**06** 此时"节目"监视器面板中的画面如图7-94所示。

图 7-94

4. 转场添加

转场也是视频的关键部分。本案例采用视频叠加的转场方式，具体操作如下。

▶01 在"项目"面板中将"转场.mp4"素材拖曳至"时间轴"面板，如图7-95所示。

图 7-95

▶02 选择"转场.mp4"素材，进入"效果控件"面板，将混合模式设置为"滤色"，如图7-96所示。

▶03 在"时间轴"面板中调整视频长度，如图7-97所示。

图 7-96

图 7-97

▶04 此时"节目"监视器面板中的画面如图7-98所示。

图 7-98

5. 添加音频

给视频添加音频的具体操作步骤如下。

▶01 在"项目"面板中将"背景音乐.mp3"素材拖曳至"时间轴"面板，并调整其长度，如图7-99所示。

图 7-99

▶02 在"效果"面板中依次展开"音频过渡"|"交叉淡化"文件夹，将"指数淡化"效果拖曳至"背景音乐.mp3"素材结尾处，如图7-100所示。

图 7-100

▶03 在"效果"面板中依次展开"视频过渡"|"溶解"文件夹，将"黑场过渡"效果拖曳至视频素材结尾处，如图7-101所示。

图 7-101

▶04 按Enter键渲染项目，渲染完成后可预览视频效果，如图7-102所示。

图 7-102

7.11 拓展实例：音频的淡入/淡出

音频的淡入指的是声音慢慢地从无到有，音频的淡出指的是声音慢慢地从有到无。选择音频素材，如图7-103所示。可以使用"效果"面板中的"音频过渡"效果实现，也可以通过在"效果控件"面板中添加关键帧实现音频的淡入/淡出，如图7-104所示。

图 7-103

图 7-104

第8章 独立影片——素材采集与颜色调整

8.1 独立影片概述

独立影片又称为独立制片电影，是与好莱坞主流电影相对应的一个概念。从技术角度来说，独立影片是指在资金投入和制作上不隶属于任何电影集团、公司或制片厂，主要依靠制片人或导演通过各种渠道融获资金，甚至包括个人出资等形式来制作影片。随着时代的发展和科技的进步，如今个人也能轻松创作和拍摄影片，并上传至社交平台。个人独立影片的常见形式有微电影、个人Vlog等。相较于传统电影来说，个人独立影片的制作更简单，传播更高效。

8.2 视频素材采集

在视频编辑中，视频素材采集是一个很重要的环节。在制作前期，可以根据创作脚本拍摄相应的镜头，也就是原始视频素材。可以通过外部视频输入和软件视频素材输入两种方式将原始视频素材输入计算机。

1. 外部视频输入

外部视频输入是指将单反相机、摄像机等拍摄设备中拍摄或录制的视频素材输入计算机硬盘。

2. 软件视频素材输入

软件视频素材输入指的是将一些由应用软件（如CINEMA 4D、After Effects等）制作的动画视频素材输入计算机硬盘。

8.3 颜色校正效果

Premiere Pro 2020中的颜色校正类视频效果可用于校正图像颜色。下面介绍各个效果的主要功能。

8.3.1 Lumetri 颜色

Lumetri 颜色效果可在通道中对素材的颜色进行调整。在"效果"面板中可以直接选择该效果，应用前后的效果如图8-1所示。

8.3.2 RGB曲线

"RGB曲线"是常见的调色效果之一，可分别针对每个颜色通道进行调节，并且能实现比较丰富的颜色效果，应用前后的效果如图8-2所示。

图 8-1

图　8-2

8.3.3　RGB颜色校正器

"RGB颜色校正器"效果通过修改RGB参数改变颜色及亮度，应用前后的效果如图8-3所示。

图　8-3

8.3.4　三向颜色校正器

"三向颜色校正器"效果可对素材的阴影、中间调和高光进行调整，应用前后的效果如图8-4所示。

图　8-4

8.3.5　亮度与对比度

"亮度与对比度"效果可以调整素材的亮度和对比度，应用前后的效果如图8-5所示。

图　8-5

8.3.6 保留颜色

"保留颜色"效果可以选择保留图像中的一种颜色，并将其他颜色变为灰度效果，应用前后的效果如图8-6所示。

图 8-6

8.3.7 均衡

"均衡"效果可对图像中的颜色和亮度进行平均化处理，应用前后的效果如图8-7所示。

图 8-7

8.3.8 快速颜色校正器

"快速颜色校正器"效果可通过设置色相、饱和度来调整素材的颜色，应用前后的效果如图8-8所示。

图 8-8

8.3.9 更改为颜色

"更改为颜色"效果可将图像中选定的一种颜色更改为其他颜色，应用前后的效果如图8-9所示。

图 8-9

8.3.10　视频限幅器

"视频限幅器"效果可以对素材的颜色值进行限幅调整，应用前后的效果如图8-10所示。

图　8-10

8.3.11　通道混合器

"通道混合器"效果可以将图像的不同颜色通道混合，应用前后的效果如图8-11所示。

图　8-11

8.3.12　颜色平衡

"颜色平衡"效果可以调整素材中阴影、中间调和高光的红绿蓝比例，从而使图像颜色趋于平衡，应用前后的效果如图8-12所示。

图　8-12

8.3.13　颜色平衡（HLS）

"颜色平衡（HLS）"效果可通过设置色相、亮度、饱和度等参数来调节画面的色调，使画面颜色趋于平衡，应用前后的效果如图8-13所示。

图　8-13

8.4 图像控制效果

图像控制类效果用于调整图像的颜色，该组效果包括5种效果，如图8-14所示。

图 8-14

8.4.1 灰度系数校正

"灰度系数校正"效果可以在不改变图像亮部和暗部的情况下，对图像的明暗程度进行调整，应用前后的效果如图8-15所示。

图 8-15

8.4.2 颜色平衡（RGB）

"颜色平衡"效果可以按RGB的参数值调整视频的颜色，可以有效地校正或改变图像色彩的效果，应用前后的效果如图8-16所示。

图 8-16

8.4.3 颜色替换

"颜色替换"效果是在不改变灰度的情况下，实现目标颜色的替换，应用前后的效果如图8-17所示。

图 8-17

8.4.4 颜色替换

"颜色过滤"效果可以将图像中没有选中的区域变成灰度，使选中的区域保持不变，应用前后的效果如图8-18所示。

图 8-18

8.4.5 黑白

"黑白"效果可以将彩色画面转换为黑白效果，应用前后的效果如图8-19所示。

图 8-19

8.5 录制实例：使用Windows录音机录制

在视频编辑中，如果需要特定的配音、独白或背景音乐，就需要自己录制音频素材。使用Windows录音机录制音频是简单直接的方法。下面介绍使用Windows录音机录制音频的具体操作。

▶01 在计算机桌面上单击"开始"按钮，执行"所有程序"|"录音机"命令，如图8-20所示。

▶02 执行"录音机"命令后，即可打开如图8-21所示的"录音机"窗口。

图 8-20   图 8-21

▶️**03** 单击"录音机"窗口中的"开始录制"按钮，即可录制声音，如图8-22所示。

▶️**04** 录音结束后，单击"停止录制"按钮，即可将录音保存到目标文件夹中，如图8-23所示。

图 8-22   图 8-23

8.6 录制实例：使用Premiere Pro 2020录制音频

    Premiere Pro 2020中的"音轨混合器"具备基本的录音棚功能。执行"窗口"|"音轨混合器"命令，在打开的"音轨混合器"对话框中可以直接录制由声卡输入的声音信息。下面介绍使用Premiere Pro 2020录制音频的具体操作方法。

▶️**01** 启动Premiere Pro 2020软件，新建项目，新建序列。

▶️**02** 确保麦克风插入声卡的麦克风插孔后，执行"编辑"|"首选项"|"音频硬件"命令，如图8-24所示。在弹出的对话框的"默认输出"下拉列表中选择Microphone（High Definition Audio Device）选项，如图8-25所示。

▶️**03** 执行"窗口"|"音轨混合器"命令，打开"音轨混合器"面板，如图8-26所示。

▶️**04** 如果"时间轴"面板中有视频，并且想为视频录制叙述材料，则可以将"时间轴"移动到音频开始之前约5秒的位置。

▶️**05** 在"音轨混合器"面板中单击目标轨道的"启用轨道以进行录制"按钮█，该按钮将变为红色，如图8-27所示。如果正在录制画外音叙述材料，可以单击"独奏轨道"按钮█，使其他音频轨道的输出变为静音，如图8-28所示。

▶️**06** 单击"音轨混合器"面板底部的"录制"按钮█，"录制"按钮将开始闪动。

图 8-24 　　　　　　　　　　　 图 8-25

图 8-26 　　　　　　　　　　　 图 8-27

▶07 测试音频级别。在"音轨混合器"面板右上角单击 按钮，在弹出的菜单中执行"仅计量器输入"命令，如图8-29所示，激活只静音输入时，仍然可以查看未录制轨道的轨道音量。

图 8-28 　　　　　　　　　　　 图 8-29

▶08 录制话音时，声音级别应接近0dB，而不会进入红色区域。

▶09 调整麦克风或录制（输入）设备的音量。例如，在"声音和音频设备属性"的"音频"选项卡中可以更改录音级别。

▶10 单击"音轨混合器"面板底部的"播放/停止切换"按钮 ，开始录制声音。

▶11 录制完成后，单击"音轨混合器"面板底部的"录制"按钮 ，结束声音的录制。

提示　　录制完成的音频素材会显示在被选中的音频轨道上和"项目"面板中。Premiere Pro 2020会自动根据音频轨道编号或名字命名该素材，并在硬盘中的项目文件夹中添加这个音频文件。

8.7 应用案例：情绪影片

本节介绍情绪影片的剪辑与制作方法，包括4部分，分别是影片开场、片段剪辑、影片调色和添加字幕。

1.影片开场

开场是一部影片的重头戏。开场的制作可以简单化，也可以复杂化，但始终要符合影片基调。下面介绍开场的具体制作方法。

▶01 启动Premiere Pro 2020，新建项目，新建序列。

▶02 执行"文件"|"导入"命令，弹出"导入"对话框，选择要导入的素材，单击"打开"按钮，如图8-30所示。

图 8-30

▶03 在"项目"面板中选择6.mov素材，将其拖曳至"节目"监视器面板，如图8-31所示。

图 8-31

▶04 执行"文件"|"新建"|"旧版标题"命令，在弹出的"新建字幕"对话框中单击"确认"按钮，如图8-32所示。

图 8-32

▶05 进入"字幕"编辑器面板中，选择矩形工具，在画面中绘制一个矩形，并将其填充为黑色，如图8-33所示。

图 8-33

▶06 关闭面板，将"字幕01"素材拖曳至"时间轴"面板中，然后选中素材，按住Alt键向上拖动复制一层，如图8-34所示。

图 8-34

▶07 选择复制得到的"字幕01复制01"素材，进入"效果控件"面板，将"位置"更改为（960:1080），如图8-35所示。

▶08 选择"字幕01"素材，进入"效果控件"面板，将时间线移动到起始位置，添加"位置"关键帧，"位置"为（960:540），将时间线移动到（00:00:03:00）处，更改"位置"为（960:120），并添加关键帧，如图8-36所示。

图 8-35

图 8-36

▶09 选择"字幕01复制01"素材，进入"效果控件"面板，将时间线移动到起始位置，添加"位置"关键帧，"位置"为（960:1080），将时间线移动到（00:00:03:00）位置，更改"位置"为（960:1500），并添加关键帧，如图8-37所示。

图 8-37

▶10 影片开场制作完毕，视频效果如图8-38所示。

图 8-38

2. 片段剪辑

片段剪辑是视频制作中非常重要的步骤之一，需要足够的耐心和细心。

▶01 在"项目"面板中将"背景音乐.wav"素材文件拖曳至"时间轴"面板中，如图8-39所示。

图 8-39

▶02 在"节目"监视器面板中播放音乐，在需要添加标记的位置单击"添加标记"按钮█，如图8-40所示。

▶03 根据添加的标记从"项目"面板中将素材依次拖曳至"时间轴"面板中，并调整其长度，如图8-41所示。

图 8-40

图 8-41

04 全部片段剪辑完后，"时间轴"面板中的素材分布效果如图8-42所示。

图 8-42

3. 影片调色

片段剪辑完成后，还需要为画面调色。

01 执行"窗口"|"Lumetri颜色"命令，如图8-43所示，打开"Lumetri颜色"面板。

图 8-43

02 在"时间轴"面板中选择6.mov素材，此

时"节目"监视器面板中的画面效果如图8-44所示。

图 8-44

03 在"Lumetri颜色"面板中展开"基本校正"选项，如图8-45所示。

04 调整"基本校正"选项中的各项参数，可以改变画面的整体色调。这里设置"色温"为-13.1、"色彩"为27.3、"对比度"为-9.1、"阴影"为23.2、"白色"为15.2、"黑色"为25.3，如图8-46所示。

图 8-45

图 8-46

05 展开"创意"选项，设置"淡化胶片"为30.3、"锐化"为23.2、"自然饱和度"为19.2、"饱和度"为100，如图8-47所示。

图 8-47

▶06 完成调色后，"节目"监视器面板中对应的画面效果如图8-48所示。

图　8-48

> **提示**
> 　　之后的片段调色均在"Lumetri颜色"面板中进行相同的操作，确保全片色调统一。

4. 添加字幕

完成画面的调整后，还需要添加旁白，让内容更加丰富，更具感染力。

▶01 执行"文件"|"新建"|"旧版标题"命令，在弹出的对话框中单击"确定"按钮，进入"字幕"编辑器面板，选择文字工具T，在画面中输入文字，如图8-49所示。

图　8-49

▶02 关闭"字幕"编辑器面板，将"字幕02"拖曳至"时间轴"面板中，此时"节目"监视器面板中对应的画面效果如图8-50所示。

▶03 关闭"字幕"编辑器面板，继续添加文字，执行"文件"|"新建"|"旧版标题"命令，在弹出的对话框中单击"确定"按钮，进入的"字幕"编辑器面板中，选择垂直文字工具IT，在画面中输入文字如图8-51所示。关闭"字幕"编辑器面板，将"字幕02复制01"拖曳至"时间轴"

面板中，此时"节目"监视器面板中对应的画面效果如图8-52所示。

图　8-50

图　8-51

图　8-52

▶04 用同样的方法，继续添加字幕，如图8-53所示。

图　8-53

▶05 在"效果"面板中依次展开"视频过渡"|"溶解"文件夹,将"黑场过渡"效果拖曳至视频素材的结尾处,如图8-54所示。

图 8-54

▶06 按Enter键渲染项目,渲染完成后可预览视频效果,如图8-55所示。

图 8-55

8.8 拓展练习:暗角怀旧的电影质感

暗角怀旧的电影质感在一些怀旧的影片中是常见的,制作方法也比较简单。打开文件夹,导入素材,如图8-56所示,为素材添加"Lumetri颜色"效果,如图8-57所示。

图 8-56

图 8-59

渲染完成后预览效果,如图8-60所示。

图 8-60

图 8-57

在"效果控件"面板中调整"晕影"属性,如图8-58所示,并为画面添加文字,如图8-59所示。

图 8-58

第9章 特效短片——叠加方式与抠像技术

9.1 特效短片概述

在影视作品中，经常可以看到震撼的镜头，如人物飞檐走壁、汽车爆破等，特别是在好莱坞特效电影中，这些镜头的制作包括两部分，分别是前期绿幕拍摄、后期特效处理，如图9-1所示。

图 9-1

9.2 键控抠像的基本操作

抠像是通过虚拟技术将背景进行特殊透明叠加。抠像技术与叠加方式紧密相连，叠加类特效主要用于处理抠像效果。对素材进行动态跟踪，并叠加各种不同的素材，是视频编辑与制作中常用的效果。

9.2.1 显示键控效果

打开Premiere Pro项目，执行"窗口"|"效果"命令，如图9-2所示，打开"效果"面板，展开"视频效果"文件夹，即可显示键控特效。

图 9-2

9.2.2 应用键控效果

在Premiere Pro 2020中，从"项目"面板中将素材文件拖入"时间轴"面板中的轨道上，如图9-3所示。在"效果"面板中依次展开"视频效果"|"键控"文件夹，选择文件夹中的任意一种键控效果，如图9-4所示，将其拖曳至素材上方即可应用键控效果。

图 9-3

图 9-4

在"效果控件"面板中可以更改"键控"属性，如图9-5所示。

9.3 抠像效果

选择需要抠像的素材，进入"效果"面板，在"视频效果"中的"键控"文件夹里可以选择各种抠像效果。Premiere Pro 2020提供了9种抠像效果，如图9-6所示。

图 9-5   图 9-6

9.3.1 Alpha调整

"Alpha调整"效果可以一个画面作为参考，按照所选画面的灰度等级决定画面的叠加效果，并通过调整不透明度得到不同的画面效果，应用前后的画报效果如图9-7所示。

图 9-7

在"效果控件"面板中可以更改其参数设置，如图9-8所示。

下面介绍"Alpha调整"效果的常用参数。

● 不透明度："不透明度"数值越小，Alpha通道中的图像越透明。

● 忽略Alpha：勾选该复选框时，会忽略Alpha通道。

● 反转Alpha：勾选该复选框时，会将Alpha通道进行反转。

● 仅蒙版：勾选该复选框时，将只显示Alpha通道的蒙版，不会显示其中的图像。

图 9-8

9.3.2 亮度键

"亮度键"效果可以校正素材中较暗的图像区域，调节"阈值"和"屏蔽度"可以微调效果，应用前后的效果如图9-9所示。

图 9-9

在"效果控件"面板中可以进行参数设置，如图9-10所示。

图 9-10

下面介绍"亮度键"效果的常用参数。

● 阈值：可以增加被去除的暗色值范围。

● 屏蔽度：设置素材的屏蔽程度，数值越大，图像越透明。

9.3.3 图像遮罩键

"图像遮罩键"效果可以使用遮罩图像的

Alpha通道或亮度值控制素材的透明区域。在使用"图像遮罩键"效果时，需要在"效果控件"面板中单击"设置"按钮，为其指定遮罩图像，指定的图像将决定最终的显示效果。此外，可以使用素材的Alpha通道或亮度创建复合效果。

在"效果控件"面板中可以对参数进行设置，如图9-11所示。

图 9-11

下面介绍"图像遮罩键"效果的常用参数。

- 设置按钮：单击该按钮，可以在弹出的对话框中选择合适的图像作为遮罩。
- 合成使用：包含Alpha遮罩和亮度遮罩这两种遮罩方式。
- 反向：勾选该复选框时，遮罩效果将与实际效果相反。

9.3.4 差值遮罩

"差值遮罩"效果在为对象建立遮罩后可建立透明区域，显示该图像下方的素材文件，应用前后的效果如图9-12所示。

图 9-12

在"效果控件"面板中可以对参数进行设置，如图9-13所示。

下面介绍"差值遮罩"效果的常用参数。

- 视图：设置合成图像的最终显示效果，其中包括3种方式，分别是最终输出、仅线源、仅限遮罩。

- 差值图层：设置与当前素材产生差值的层。
- 如果图层大小不同：设置图层是否居中或者伸缩以适合。
- 匹配容差：设置层与层之间的容差匹配值。
- 匹配柔和度：设置层与层之间的匹配柔和程度。
- 差值前模糊：将不同像素块进行差值模糊。

图 9-13

9.3.5 移除遮罩

"移除遮罩"效果可以由Alpha通道创建透明区域，而是在红色、绿色、蓝色和Alpha共同作用下产生的。通常，"移除遮罩"效果用来去除黑色或白色背景，尤其对处理纯白或纯黑背景的图像非常有用。

在"效果控件"面板中可以对参数进行设置，如图9-14所示。

图 9-14

下面介绍"移除遮罩"效果的常用参数。

- 遮罩类型：选择要移除的颜色，包括"白色"和"黑色"这两种类型。

9.3.6 超级键

"超级键"效果可以使用吸管在画面中吸取需要抠除的颜色,操作完成后,该颜色将在画面中消失,应用前后的效果如图9-15所示。

图 9-15

在"效果控件"面板中可以对参数进行设置,如图9-16所示。

图 9-16

下面介绍"超级键"效果的常用参数。

- 输出:设置素材输出的类型,包括3种类型,分别是合成、Alpha通道、颜色通道。
- 设置:设置抠像的类型,包括4种类型,分别是默认、弱效、强效、自定义。
- 主要颜色:吸取需要被键出的颜色。
- 遮罩生成:可以自行设置遮罩层的各项属性。
- 遮罩清除:调整遮罩的属性类型,包括4种类型,分别是抑制、柔化、对比度、中间点。
- 溢出抑制:调整溢出色彩的抑制,包括4种类型,分别是降低饱和度、范围、溢出、亮度。
- 颜色校正:对素材颜色进行校正,包括3种类型,分别是饱和度、色相、明亮度。

9.3.7 轨道遮罩键

"轨道遮罩键"效果可通过调节亮度值来定义蒙版层的透明度,应用前后的效果如图9-17所示。

图 9-17

在"效果控件"面板中可以对参数进行设置,如图9-18所示。

图 9-18

下面介绍"轨道遮罩键"效果的常用参数。

- 遮罩:选择跟踪抠像的视频轨道。
- 合成方式:指定应用遮罩的方式,在右侧的下拉列表中可以选择Alpha遮罩和亮度遮罩。
- 反向:勾选该复选框时,可使遮罩反向。

9.3.8 非红色键

"非红色键"效果可以去除蓝色和绿色背景,包括两个选项,可以混合两个轨道素材,应用前后的效果如图9-19所示。

图 9-19

在"效果控件"面板中可以对参数进行设置,如图9-20所示。

下面介绍"非红色键"效果的常用参数。

- 阈值:调整素材文件的透明程度。
- 屏蔽度:微调键控的屏蔽程度。
- 去边:包括3种效果,分别是无、绿色和蓝色。
- 平滑:设置素材文件的平滑程度,包括3种效果，分别是无、低和高。

● 仅蒙版：设置素材自身蒙版的状态。

图 9-20

9.3.9 颜色键

"颜色键"效果可以去掉素材图像中指定颜色的像素，这种效果只影响素材的Alpha通道，应用前后的效果如图9-21所示。

图 9-21

在"效果控件"面板中可以对参数进行设置，如图9-22所示。

图 9-22

下面介绍"颜色键"效果的常用参数。

● 主要颜色：设置抠像的目标颜色，默认为蓝色。
● 颜色容差：设置选择的"主要颜色"的透明度。
● 边缘细化：设置边缘的平滑程度。
● 羽化边缘：设置边缘的柔和程度。

9.4 应用案例：鲸鱼翱翔效果

本案例将制作鲸鱼在天空中翱翔的动画，主要运用颜色键和蒙版进行抠像，具体操作方法如下。

▶01 启动Premiere Pro 2020软件，新建项目，新建序列。

▶02 执行"文件"|"导入"命令，弹出"导入"对话框，选择要导入的素材，单击"打开"按钮，如图9-23所示。

图 9-23

▶03 在"项目"面板中选择"素材.mp4"素材，将其拖曳至"节目"监视器面板中，如图9-24所示。

图 9-24

▶04 在"时间轴"面板中选中"素材.mp4"素材，按住Alt键向上拖动复制一层，放入V3轨道，如图9-25所示。

图 9-25

▶05 进入"效果控件"面板，展开"不透明度"属性，选择钢笔工具 ✐ ，在"节目"监视器面板中添加蒙版，如图9-26所示。

▶06 进入"效果控件"面板，设置"不透明度"属性，勾选"已反转"复选框，如图9-27所示。此时"节目"监视器面板中对应的画面如图9-28所示。

图 9-26   图 9-27   图 9-28

▶07 在"项目"面板中将"鲸鱼素材.mp4"素材拖曳至"时间轴"面板中，放在V2轨道上，如图9-29所示。

图 9-29

▶08 在"效果"面板中依次展开"视频过渡"|"键控"文件夹，将"颜色键"效果拖曳至"鲸鱼素材.mp4"素材上方，如图9-30所示。

图 9-30

▶09 选择V2轨道上的图层，进入"效果控件"面板，展开"颜色键"属性，将"主要颜色"改为黑色，并调整"颜色容差"为26、"边缘细化"为2、"羽化边缘"为2.1，如图9-31所示。

▶10 将时间线移动到起始位置，给"位置"和"旋转"属性添加关键帧，将"缩放"调整为51，如图9-32所示。

图 9-31   图 9-32

▶**11** 在"项目"面板中将"鲸鱼叫声.wav"素材文件拖曳至"时间轴"面板中，如图9-33所示。

图　9-33

▶**12** 将"背景音乐.wav"素材拖曳至"时间轴"面板中，并调整其长度与视频素材一致，如图9-34所示。

图　9-34

▶**13** 在"效果"面板中，依次展开"视频过渡"|"溶解"文件夹，将"黑场过渡"效果拖曳至所有视频素材的结尾处，如图9-35所示。

图　9-35

▶**14** 在"效果"面板中依次展开"音频过渡"|"交叉淡化"文件夹，将"指数淡化"效果拖曳至音频素材的结尾处，如图9-36所示。

▶**15** 按Enter键渲染项目，渲染完成后预览效果，如图9-37所示。

图　9-36

图　9-37

9.5 应用案例：穿越三维空间效果

本案例将制作穿越三维空间效果，主要学习绿幕抠像，具体操作如下。

▶01 启动Premiere Pro 2020软件，新建项目，新建序列。

▶02 执行"文件"|"导入"命令，弹出"导入"对话框，选择要导入的素材，单击"打开"按钮，如图9-38所示。

▶03 在"项目"面板中选择"素材1.mp4"素材，将其拖曳至"节目"监视器面板中，如图9-39所示。

图 9-38

图 9-39

▶04 在"时间轴"面板中选中"素材1.mp4"素材，在"效果"面板中依次展开"视频效果"|"键控"文件夹，将"超级键"效果拖曳至素材上方，如图9-40所示。

图 9-40

▶05 进入"效果控件"面板，设置"超级键"属性的"主要颜色"，单击"吸管"按钮，如图9-41所示。

▶06 进入"节目"监视器面板，单击绿色部分，选取颜色后，得到的画面效果图如图9-42所示。

图 9-41

图 9-42

▶07 进入"效果控件"面板，设置"超级键"属性的"遮罩生成"，将"容差"调整为100，如图9-43所示。

▶08 进入"时间轴"面板，将"素材1.mp4"移动到V2轨道上，如图9-44所示。

图 9-43　　　　　　　　　　　　图 9-44

▶09 在"项目"面板中将"素材2.mp4"拖曳至"时间轴"面板的V1轨道上，如图9-45所示。

▶10 进入"效果控件"面板中，将"缩放"调整为67，如图9-46所示。

图 9-45　　　　　　　　　　　　图 9-46

▶11 将"项目"面板中的"背景音乐.wav"素材拖曳至"时间轴"面板中，并调整其长度，如图9-47所示。

图 9-47

▶12 在"效果"面板中依次展开"视频过渡"|"溶解"文件夹，将"黑场过渡"效果拖曳至视频素材的结尾处，如图9-48所示。

图 9-48

▶13 在"效果"面板中依次展开"音频过渡"|"交叉淡化"文件夹，将"指数淡化"效果拖曳至音频素材的结尾处，如图9-49所示。

▶14 按Enter键渲染项目，渲染完成后预览效果，如图9-50所示。

图 9-49

图 9-50

9.6 拓展练习：海市蜃楼效果

本案例主要利用抠像技巧和蒙版技巧制作天空中出现的高楼大厦的合成景象。打开文件夹，将素材导入，如图9-51所示。将02.mp4素材的"天空"和"河水"去掉，如图9-52所示。

图 9-51

图 9-52

调整素材的位置，如图9-53所示，再为素材添加蒙版，如图9-54所示。

图 9-53

图 9-54

渲染后的预览效果如图9-55所示。

图 9-55

第10章 综合实例

10.1 分身术特效视频

分身术特效视频趣味十足，主要使用的功能有蒙版抠像、导出帧等，具体操作如下。

▶01 启动Premiere Pro 2020，新建项目，新建序列。

▶02 执行"文件"|"导入"命令，弹出"导入"对话框，选择要导入的素材，单击"打开"按钮，如图10-1所示。

图 10-1

▶03 在"项目"面板中选择 DSC＿0454 素材，按住鼠标左键，将其拖曳至"节目"监视器面板中，如图10-2所示。

图 10-2

▶04 在"时间轴"面板中拖动时间线预览视频，将时间线依次移动到（00:00:02:11）（00:00:05:06）（00:00:07:25），在"节目"监视器面板底部单击"添加标记"按钮可以分别在3个时间点添加标记，如图10-3所示。

图 10-3

▶05 选择第一个标记，单击"节目"监视器面板底部的"导出帧"按钮，如图10-4所示。

图 10-4

▶06 在弹出的"导出帧"对话框中将"名称"改为1，取消勾选"导入到项目中"复选框，并单击"浏览"按钮，如图10-5所示，自定义存放位置。

图 10-5

▶**07** 将后面的图片按照上述方式依次导出，并按顺序命名，如图10-6所示。

图 10-6

▶**08** 执行"文件"|"导入"命令，弹出"导入"对话框，选择要导入的素材，单击"打开"按钮，如图10-7所示。

▶**09** 将2.bmp 素材文件拖曳至"时间轴"面板，

放入V2轨道，并调整其长度，使其与第二个标记点对齐，如图10-8所示。

图 10-7

图 10-8

▶**10** 选择2.bmp 素材，进入"效果控件"面板，使用钢笔工具 在画面中抠出人物，如图10-9所示。

图 10-9

▶**11** 将3.bmp 素材拖曳至"时间轴"面板中，并调整其长度，使其与第三个标记点对齐，如图10-10所示。

图 10-10

▶**12** 选择3.bmp 素材，进入"效果控件"面板，使用钢笔工具 在画面中抠出人物，如图10-11所示。

图 10-11

13 在"效果"面板中依次展开"视频过渡"|"溶解"文件夹,将"黑场过渡"效果拖曳至视频素材结尾处,如图10-12所示。

图 10-12

14 在"项目"面板中将"背景音乐.wav"素材拖曳至"时间轴"面板中,并调整其长度,使其与视频素材一致,如图10-13所示。

图 10-13

15 在"效果"面板中依次展开"音频过渡"|"交叉淡化"文件夹,将"指数淡化"效果拖曳至音频素材结尾处,如图10-14所示。

图 10-14

16 按Enter键渲染项目,渲染完成后预览效果,如图10-15所示。

图 10-15

图 10-17

10.2 旅行宣传片

本案例制作一个完整的旅行宣传片，包括片头、片尾及背景音乐等，而且使用了许多热门的视频效果，如拉镜转场、Glitch转场、手写文字、星空特效等。

10.2.1 片头制作

下面介绍宣传片片头的制作方法，具体操作如下。

▶01 启动Premiere Pro 2020软件，在主页中单击"新建项目"按钮，如图10-16所示。

图 10-18

图 10-16

▶02 在弹出的"新建项目"对话框中输入项目名称并设置项目存储位置，如图10-17所示，完成后单击"确定"按钮。

▶03 执行"文件"|"新建"|"序列"命令，如图10-18所示。在弹出的"新建序列"对话框中选择合适的序列预设，如图10-19所示，完成设置后，单击"确定"按钮。

图 10-19

▶04 在"项目"面板中右击，在弹出的快捷菜单中执行"导入"命令，如图10-20所示。

▶05 进入"导入"对话框，选择需要的素材，单击"打开"按钮，如图10-21所示。

图 10-20　　　　　　　　　　　　　　　图 10-21

▶06 导入素材后，选择"项目"面板中的01.mp4素材，将其拖曳至"时间轴"面板中，如图10-22所示。

图 10-22

▶07 执行"文件"|"新建"|"旧版标题"命令，在弹出的"新建字幕"对话框中单击"确定"按钮，如图10-23所示。

▶08 进入"字幕"编辑器面板，选择文字工具T，在画面中输入文字，如图10-24所示。

图 10-23　　　　　　　　　　　　图 10-24

▶09 在"字幕"编辑器面板中将字体颜色"填充类型"改为"四色渐变"，将"颜色"改为浅蓝色，如图10-25所示。

▶10 勾选"阴影"复选框，将"颜色"改为白色，将"不透明度"改为88，将"角度"改为75°，将"距离"改为18，将"扩展"改为30，如图10-26所示。

▶11 关闭"字幕"编辑器面板，将文本拖曳至"时间轴"面板中，如图10-27所示。

图 10-25

图 10-26

图 10-27

▶12 将"水墨素材.mov"拖曳至"时间轴"面板中,在"效果"面板中依次展开"视频效果"|"键控"文件夹,将"轨道遮罩键"效果拖曳至"字幕01"素材上方,如图10-28所示。

图 10-28

▶13 进入"效果控件"面板，将"遮罩"属性改为"视频5"，将"合成方式"改为"亮度遮罩"，如图10-29所示。

▶14 此时"节目"监视器面板中对应的画面如图10-30所示。

图 10-29   图 10-30

10.2.2 音乐卡点

下面介绍宣传片音乐卡点的制作方法，具体操作如下。

▶01 在"项目"面板中，将"背景音乐.wav"素材拖曳至"时间轴"面板中，如图10-31所示。

图 10-31

▶02 添加音乐后，可以通过移动时间线或单击"节目"监视器面板中的"添加标记"按钮♥（快捷键为M），在素材上方添加标记点，如图10-32所示。

▶03 一边试听音乐，一边根据节奏点添加节奏标记。移动时间线，根据节奏点在合适的时间点添加标记，如图10-33所示。

图 10-32   图 10-33

10.2.3 片段剪辑

下面介绍宣传片片段剪辑的具体操作方法。

▶01 在"时间轴"面板中调整01.mp4素材，使其与添加的第一个标记点对应，选择"工具"面板中的剃刀工具 ◆ ，如图10-34所示。

图 10-34

▶02 选中后面多余的素材部分，按Delete键将其删除，如图10-35所示。

图 10-35

▶03 将02.mp4素材拖曳至"时间轴"面板中并调整其长度，使其与音乐素材中的第二个标记点一致，如图10-36所示。

图 10-36

▶04 依次将素材添加到"时间轴"面板中并调整素材的长度，使它们与音乐素材中标记点一致，如图10-37所示。

图 10-37

10.2.4　添加转场

本视频主要采用拉镜转场、故障转场、渐变擦除转场等转场效果。

1. 拉镜转场

▶01 执行"文件"|"新建"|"调整图层"命令，如图10-38所示。在弹出的"调整图层"对话框中单击"确定"按钮，如图10-39所示。

图　10-38　　　　　　　　　图　10-39

▶02 在"项目"面板中选中"调整图层"素材，将其拖曳至"时间轴"面板中，如图10-40所示。

图　10-40

▶03 调整"调整图层"素材的长度，在第一段素材和第二段素材左右跨度各5帧，如图10-41所示。

▶04 选中"调整图层"素材，按住Alt键向上拖动复制一层，如图10-42所示。

图　10-41　　　　　　　　　　　　图　10-42

▶05 在"效果"面板中依次展开"视频效果"|"风格化"文件夹，将"复制"效果拖曳至第一个"调整图层"素材上方，如图10-43所示。

图 10-43

▶06 进入"效果控件"面板，展开"复制"属性，将"计数"设置为3，如图10-44所示。此时"节目"
监视器面板中对应的画面如图10-45所示。

图 10-44

图 10-45

▶07 在"效果"面板中依次展开"视频效果"|"扭曲"文件夹，将"镜像"效果拖曳至第一个"调整图
层"素材上方，如图10-46所示。

图 10-46

▶08 在"效果控件"面板中按快捷键Ctrl+C复制得到3个镜像效果，如图10-47所示。

▶09 设置第一个"镜像"的"反射中心"为（1276:540），"反射角度"为0；设置第二个"镜像"
的"反射中心"为（641:540），"反射角度"为180°；设置第三个"镜像"的"反射中心"为
（1920:718），"反射角度"为90°；设置第四个"镜像"的"反射中心"为（1920:367），"反射角
度"为-90°，如图10-48所示。

▶10 在"效果"面板中依次展开"视频效果"|"扭曲"文件夹，将"变换"效果拖曳至第二个"调整图
层"素材上方，如图10-49所示。

图 10-47

图 10-48

图 10-49

▶**11** 在"时间轴"面板中选中第二个"调整图层"素材，进入"效果控件"面板，更改"缩放"为307，取消勾选"使用合成的快门角度"复选框，并设置"快门角度"为240°，如图10-50所示。

▶**12** 为"变换"属性的"位置"添加关键帧，将时间线移动到（00:00:01:16）位置，调整"位置"为（960:540），移动时间线到（00:00:02:00）位置，调整"位置"为（–995:540），如图10-51所示。

图 10-50

图 10-51

▶**13** 选择两个"位置"关键帧，右击，在弹出的快捷菜单中执行"临时插值"命令，再执行"缓入"和"缓出"命令，如图10-52所示。

图 10-52

▶14 拖动"位置"属性的关键帧的控制柄，让画面呈现先慢后快的效果，如图10-53所示。此时对应的画面效果如图10-54所示。

图 10-53

图 10-54

 通过更改"变换"选项的"位置""缩放""旋转"等属性可以制作不同的拉镜效果。

2. 故障转场

▶01 在"项目"面板中拖曳素材至"时间轴"面板中，放入两段素材的中间，左右跨度各5帧，如图10-55所示。

图 10-55

▶02 选中37.mp4素材，进入"效果控件"面板，展开"不透明度"属性，将"混合模式"改为"滤色"，如图10-56所示。此时"节目"监视器面板中的画面如图10-57所示。

图 10-56

图 10-57

▶03 回到"时间轴"面板，在"工具箱"中选择剃刀工具 ，截取两段素材与拖入的素材重合处，如图10-58所示。

图 10-58

▶04 将37.mp4、20.mp4、22.mp4素材选中，右击，在弹出的快捷菜单中执行"嵌套"命令，如图10-59所示。

图 10-59

▶05 在"时间轴"面板中选中"嵌套序列01"素材，按住Alt键向上拖动复制得到两层，如图10-60所示。

图 10-60

▶06 在"效果"面板中依次展开"视频效果"|"图像控制"文件夹，将"颜色平衡（RGB）"效果拖曳至3个"嵌套序列01"素材上方，如图10-61所示。

图 10-61

▶07 选中V3轨道中的"嵌套序列01"素材，进入"效果控件"面板，展开"颜色平衡（RGB）"属性，将"红色"改为0，如图10-62所示。

▶08 选中V2轨道中的"嵌套序列01"素材，进入"效果控件"面板，展开"颜色平衡（RGB）"属性，将"绿色"改为0，如图10-63所示。

图 10-62

图 10-63

▶09 选中V1轨道中的"嵌套序列01"素材，进入"效果控件"面板，展开"颜色平衡（RGB）"属性，将"蓝色"改为0，如图10-64所示。

▶10 将3个"嵌套序列01"素材的"混合模式"都改为"滤色"，如图10-65所示。

▶11 调整"嵌套序列01"的位置，增加或减少40左右，如图10-66所示。此时"节目"监视器面板中的画面如图10-67所示。

图 10-64

图 10-65

图 10-66

图 10-67

3. 渐变擦除转场

▶01 在"时间轴"面板中选中23.mp4和25.mp4素材，将23.mp4素材移动到上一个轨道，并将长度调整至超出25.mp4素材20帧，如图10-68所示。

图 10-68

▶02 在"效果"面板中依次展开"视频效果" | "过渡"文件夹，将"渐变擦除"效果拖曳至23.mp4素材上方，如图10-69所示。

图 10-69

▶**03** 进入"效果控件"面板，展开"渐变擦除"属性，将时间线移动到（00:00:51:17）位置，为"过渡完成"添加一个关键帧，数值为0，如图10-70所示。

▶**04** 将时间线移动到（00:00:52:21）位置，再添加一个关键帧，数值为100，如图10-71所示。

图 10-70

图 10-71

▶**05** 此时"节目"监视器面板中的画面如图10-72所示。

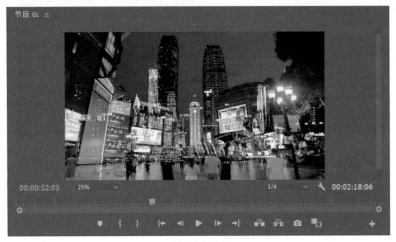

图 10-72

10.2.5 添加特效和文字

下面介绍宣传片中特效和字幕的制作方法。

1. 添加文字

为每个地名添加文字特效，具体的操作方法如下。

▶**01** 执行"文字"|"新建"|"旧版标题"命令，在弹出的"新建字幕"对话框中可设置字幕参数，完成后单击"确定"按钮，如图10-73所示。

▶**02** 进入"字幕"编辑器面板，在画面中输入相应文字，如图10-74所示。

▶**03** 关闭"字幕"编辑器面板，在"项目"面板中将"字幕01"素材拖曳至"时间轴"面板中，如图10-75所示。

图 10-73

图 10-74

图 10-75

▶04 在"效果"面板中依次展开"视频效果"|"生成"文件夹,将"书写"效果拖曳至"字幕01"素材上方,如图10-76所示。

图 10-76

▶05 选择"字幕01"素材,进入"效果控件"面板,调整"画笔大小"为13,将时间线移动到(00:02:00:05)位置,调整画笔位置并创建关键帧,如图10-77所示。

▶06 每移动两帧就给"位置"创建一个关键帧,并调整"位置",直到将文字全部书写完,如图10-78所示。

▶07 展开"书写"属性,设置"绘制样式"为"显示原始图像",如图10-79所示。

▶08 此时"节目"监视器面板中的效果如图10-80所示。

图 10-77

图 10-78

图 10-79

图 10-80

 参考上述方式添加其他地名。

2. 大雁特效

▶01 在"项目"面板中将44.mov素材拖曳至"时间轴"面板中，如图10-81所示。

图 10-81

▶02 在"效果"面板中依次展开"视频效果"|"键控"文件夹，将"超级键"效果拖曳至44.mov素材上方，如图10-82所示。

图 10-82

▶**03** 进入"效果控件"面板,将"主要颜色"更改为绿色,如图10-83所示。此时"节目"监视器面板中的画面如图10-84所示。

图 10-83

图 10-84

▶**04** 在"效果控件"面板中展开"运动"属性,调整"缩放"为130,将时间线移动到(00:00:29:05)位置,调整"位置"为(1540:–46),如图10-85所示。

▶**05** 将时间线移动到(00:00:35:03)位置,调整"位置"为(685.1:402.2),如图10-86所示。

图 10-85

图 10-86

▶**06** 此时"节目"监视器面板中对应的画面如图10-87所示。

图 10-87

3. 烟花特效

▶**01** 在"项目"面板中将45.mp4素材拖曳至"时间轴"面板中,如图10-88所示。

图 10-88

▶**02** 在"效果"面板中依次展开"视频效果"|"键控"文件夹,将"超级键"效果拖曳至45.mp4素材上方,如图10-89所示。

图 10-89

▶**03** 进入"效果控件"面板,将"主要颜色"调整为绿色,如图10-90所示。此时"节目"监视器面板中的画面如图10-91所示。

▶**04** 进入"效果控件"面板,调整"位置"为(833:308),调整"缩放"为39,如图10-92所示。此时"节目"监视器面板中对应的画面如图10-93所示。

图 10-90

图 10-91

图 10-92

图 10-93

4. 蒸汽波效果

▶01 在"时间轴"面板中将时间线移动到33.mp4素材上方，选中33.mp4素材，按住Alt键复制两层，如图10-94所示。

图 10-94

▶02 在"效果"面板中依次展开"视频效果"|"图像控制"文件夹，将"颜色平衡（RGB）"效果拖曳至复制得到的两个33.mp4素材上方，如图10-95所示。

图 10-95

▶**03** 选中V2轨道上的33.mp4素材，展开"颜色平衡（RGB）"选项，将"蓝色"和"绿色"改为0，如图10-96所示。此时"节目"监视器面板中的画面如图10-97所示。

图 10-96

图 10-97

▶**04** 选中V3轨道上的33.mp4素材，展开"颜色平衡（RGB）"属性，设置"红色"和"绿色"为0，如图10-98所示。此时"节目"监视器面板中的画面如图10-99所示。

图 10-98

图 10-99

▶**05** 将V2、V3轨道上的33.mp4素材的"混合模式"改为"滤色"，并调整"位置"为（982：540），如图10-100所示。此时"节目"监视器面板中的画面如图10-101所示。

图 10-100　　　　　　　　　　　　　图 10-101

▶06 在"项目"面板中将"胶片损毁.mov"素材拖曳至"时间轴"面板中，如图10-102所示。

图 10-102

▶07 此时的画面太小，选中素材，右击，在弹出的快捷菜单中执行"缩放为帧大小"命令，如图10-103所示。

▶08 选中"胶片损毁.mov"素材，进入"效果控件"面板，将"混合模式"改为"滤色"，如图10-104所示。

图 10-103　　　　　　　　　　　　　图 10-104

▶09 执行"文件"|"新建"|"调整图层"命令，在弹击的对话框中单击"确定"按钮，在"项目"面板中将"调整图层"拖曳至"时间轴"面板中，如图10-105所示。

图　10-105

▶10 在"效果"面板中依次展开"视频效果" | "扭曲"文件夹，将"波形变形"效果拖曳至"调整图层"素材上方，如图10-106所示。

图　10-106

▶11 在"效果控件"面板中调整参数，设置"波形高度"为15、"波形宽度"为764、"方向"为180°、"波形速度"为0.1，如图10-107所示。

▶12 在"项目"面板中将"取景器图片.png"素材拖曳至"时间轴"面板中，如图10-108所示。

图　10-107

图　10-108

▶13 此时"节目"监视器面板中的画面如图10-109所示。

图 10-109

10.2.6 片尾制作

下面介绍宣传片片尾的制作方法。

▶01 在"时间轴"面板中,将"字幕02"素材复制一层到结尾处,如图10-110所示。此时"节目"监视器面板中的画面如图10-111所示。

图 10-110

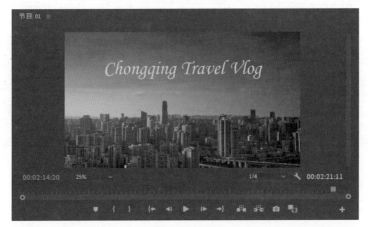

图 10-111

▶02 复制前面制作的故障转场并放入结尾处，如图10-112所示。此时"节目"监视器面板中的画面如图10-113所示。

▶03 执行"文件"|"新建"|"旧版标题"命令，在弹出的对话框中单击"确定"按钮，进入"字幕"编辑器面板，输入文字，如图10-114所示。完成操作后，关闭面板。

图 10-112

图 10-113

图 10-114

▶04 在"效果"面板中依次展开"视频效果"|"扭曲"文件夹，将"波形变形"效果拖曳至素材上方，如图10-115所示。

图 10-115

▶05 进入"效果控件"面板，展开"波形变形"属性，将"波形高度"调整为0，"波形宽度"调整为1，如图10-116所示。

06 将时间线移动到（00:02:17:11）位置，为"波形高度"和"波形宽度"属性添加关键帧，如图10-117所示。

图 10-116

图 10-117

07 将时间线往后移动两帧，分别更改"波形高度"和"波形宽度"，直到结束位置，如图10-118所示。此时"节目"监视器面板中对应的画面如图10-119所示。

图 10-118

图 10-119

08 在"效果"面板中依次展开"视频效果"|"透视"文件夹，将"投影"效果拖曳至素材上方，如图10-120所示。

图 10-120

09 进入"效果控件"面板，调整"阴影颜色"为红色、"不透明度"为50%、"方向"为41°、"距离"为18、"柔和度"为24，如图10-121所示。

▶10 在"效果控件"面板中将投影选项复制一层,并设置投影"颜色"为蓝色,设置"方向"为77°,设置"距离"为22,如图10-122所示。

图 10-121

图 10-122

▶11 回到"时间轴"面板中,按住Alt键将"字幕03"素材复制一层,如图10-123所示。

▶12 进入"效果控件"面板,单击"波形变形"的"切换效果开关"按钮 **fx**,如图10-124所示。

图 10-123

图 10-124

▶13 在"项目"面板中拖曳"故障转场.mov"素材至"时间轴"面板,并调整其大小,取消勾选"等比缩放"复选框,将"缩放高度"设置为9.5,"缩放宽度"设置为23.3,"混合模式"设置为"滤色",如图10-125所示。

▶14 此时"节目"监视器面板中对应的画面效果如图10-126所示。

图 10-125

图 10-126

10.2.7 添加音效

下面介绍宣传片音效的添加方法。

01 执行"文件"|"导入"命令，弹出"导入"对话框，选择要导入的素材，单击"打开"按钮，如图10-127所示。

图 10-127

02 在"项目"面板中将"转场1.wav"音频素材拖曳至第一个转场下方，如图10-128所示。

图 10-128

03 选择"工具"面板中的选择工具 ▶，调整音频长度为10帧，如图10-129所示。

图 10-129

▶04 依次按照类型添加音效，如图10-130所示。

图 10-130

▶05 按Enter键渲染项目，渲染完成后预览效果，如图10-131所示。

图 10-131